Hair Creative

Illustration & Sculpture

헤어스타일·창조를·위한·스타일화·교본

조성태 지음

Hair Creative
Illustration & Sculpture

contents

Prologue

헤어스타일을 완벽하게 구사하기 위해서는 아무리 미용기술이 뛰어나다 하더라도 자신이 표현하고자 하는 작품을 새롭게 구상한다던가 또한 타인의 작품을 이해하고 해석하는 능력을 가져야만 합니다.

특히 헤어디자이너는 예술적인 감성과 미용기술의 합리적인 조화를 이뤄나가야 하는데 이러한 제조건을 충족시키기 위해서는 우선 기본적으로 작품에 따른 도해도나 헤어스타일화를 그려봄으로써 보다 창조적이고 발전적인 기술에의 접목을 시도할 수 있다고 할 것입니다.

여기에는 먼저 두부의 골격구조와 안면의 근육 등 해부학적 구조와 두부의 기본적 분할을 알고 표현하는 재료(연필, 펜, 붓 등)에 따른 기본적인 테크닉을 꾸준히 연마한 다음 눈, 코, 입, 귀 등의 기본적인 표현과 헤어컬 및 웨이브의 변화를 표현하는 법 등을 익혀 기본적 헤어스타일과 시대별 헤어스타일, 그리고 본인의 내면에서 추구하고자 하는 창조적 헤어스타일에 이르기까지 단계적 노력을 기울여야 할 것입니다.

또한 입체적 조형감각을 익히기 위한 스컬프쳐 작업을 통하여 미용예술의 차원을 더욱 진일보시켜 창조적 표현능력을 배가하여야 겠습니다.

아무쪼록 미용을 사랑하는 모든 여러분들에게 제시된 작업과정을 통하여 아름다움의 새로운 창조적 생활에 보탬이 되기를 기원합니다.

연필로 그리는 명도단계

(A) 그림은 연필선을 반복하면서 위에서 내려올수록 한 단계씩 밝게 그려주면 된다.

(B) 그림은 위에서 내려오면서 밝아지고 밑에서 올라가면서 점차 밝게 그려주면 된다.

※ 연필에 힘을 고르게 주면서 균일한 톤이 나오게 하는 것이 중요하다.

그림 A

그림 B

연필 표현방법

손가락 끝이 아니라 손목 전체를
사용해서 움직인다

명도가 높은 부분에서
낮은 부분으로

밝은 톤　　중간 톤　　어두운 톤

팔을 사용한 스트로크

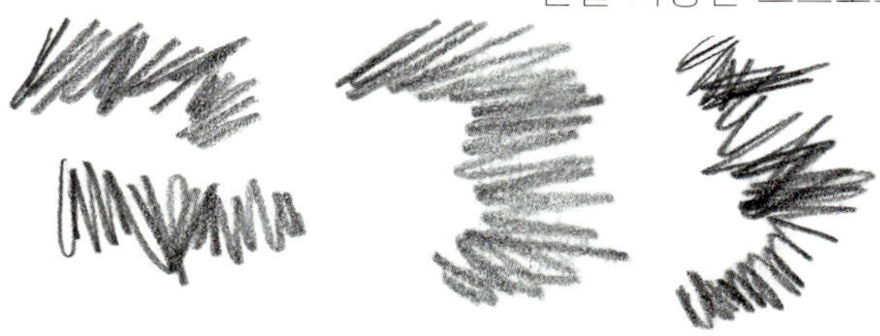

균일한 톤(팔을 사용한 스크린 톤)

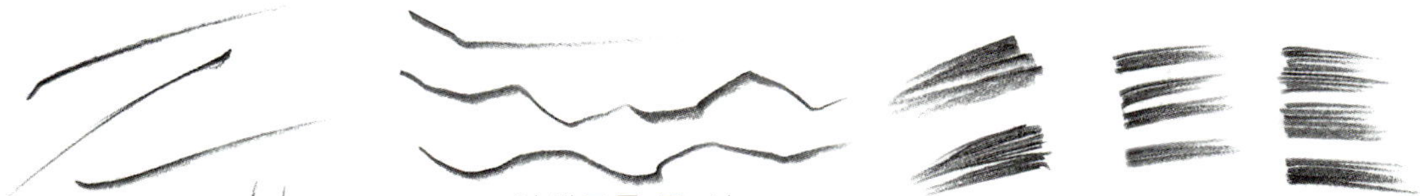

악센트를 준 선

변화를 준 선　　손목을 사용한 스트로크

기초뎃생

- 모든 물체의 기본인 도형은 평면에서 입체를 만들기 위한, 다시 말해 3차원적 공간을 주기 위한 착시현상의 과정을 배운다.
- 선이 아닌 면에 색(음, 영)을 줌으로 인해 더욱 더 실물과 가까운 모습을 나타내기 위한 학습이다.
- 이 도형은 상광(빛)을 위주로 한 예이다.

반사광 → 공간감, 양감이 형성된다.

반사광 → 공간감, 양감이 형성된다.

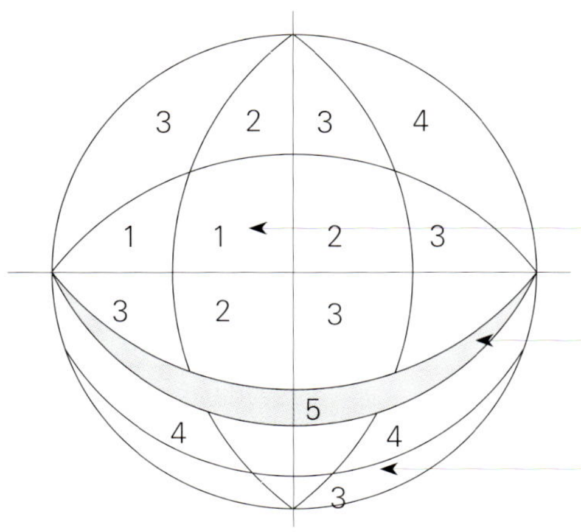

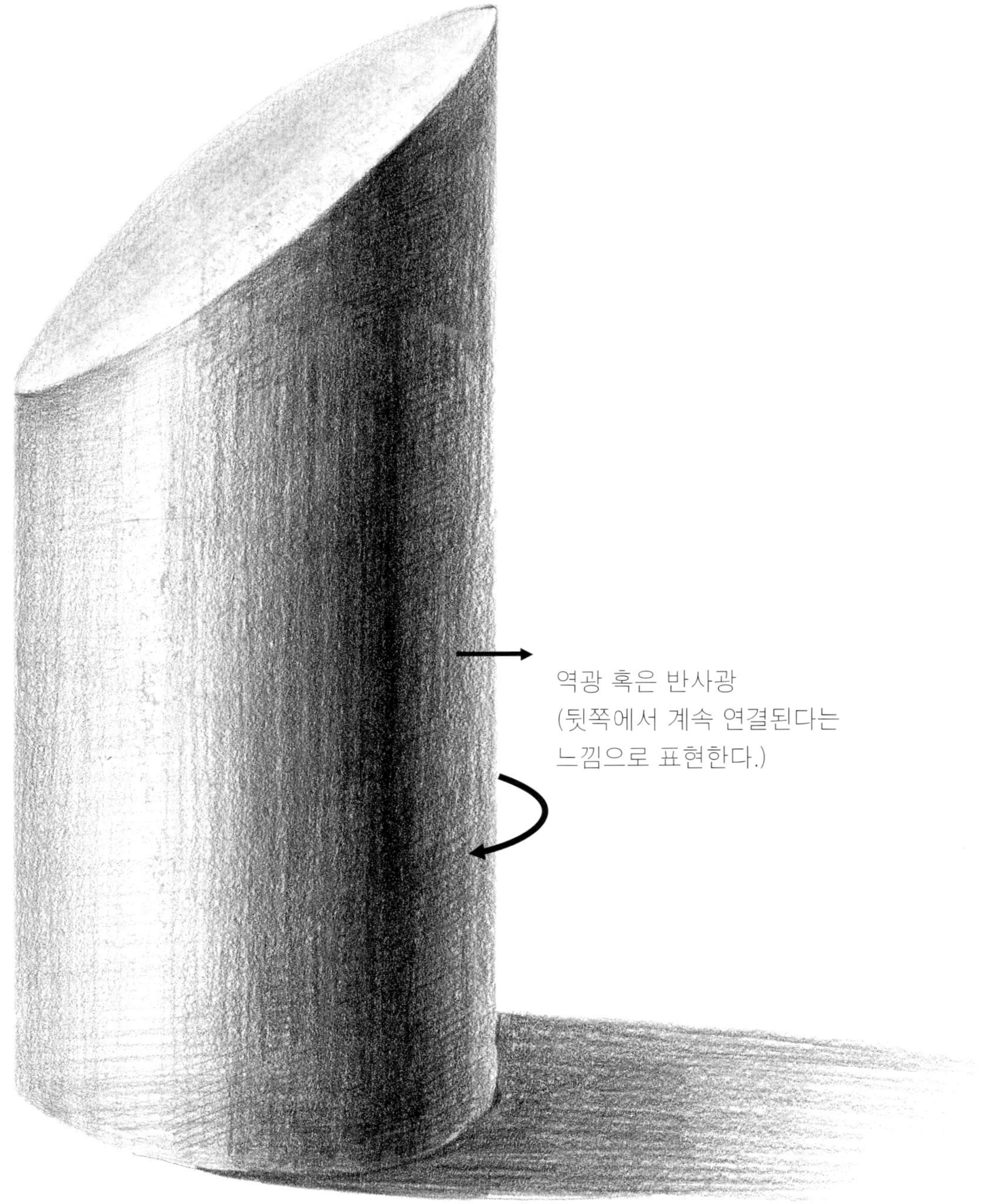

그림자의 방법 → 물체의 경계에서 점점 흐려진다.

밝은 면과 꺾여진 어두운 면에서 이러한 표현을 해 줌으로 인해 멀어진다는 착시현상에 의한 입체감이 형성된다.

반사광 → 멀리 느껴짐(흐려짐)

- 물체의 모든 면은 빛의 밝은 색과 중간색, 어두운 색으로 나뉘어 진다. 앞에서도 언급했듯이 평면에 입체(3차원 공간)를 나타내기 위해서는 음 · 영이 꼭 필요하다.
- 3차원(입체공간을 공유한)이 되기 위해서는 반사광이 필요한 색 중의 한 부분을 차지한다.

* 반사광이 있음으로 인해서 공간감이 더욱 돋보임

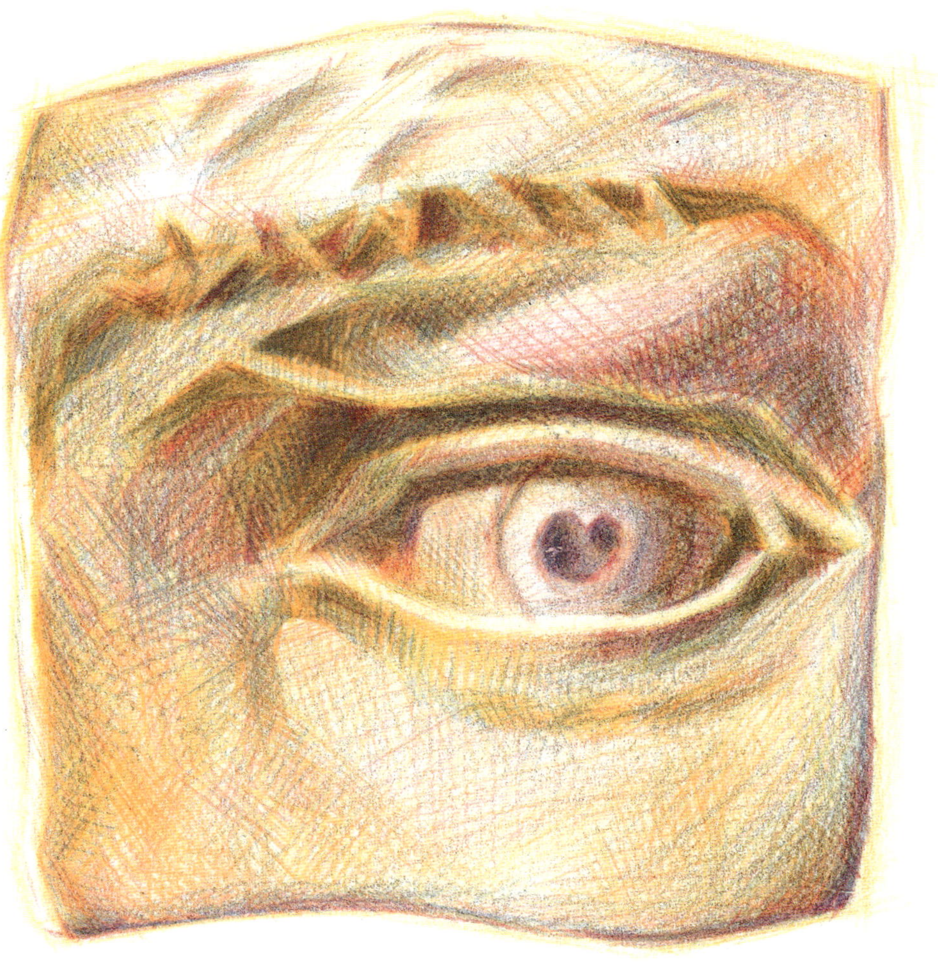

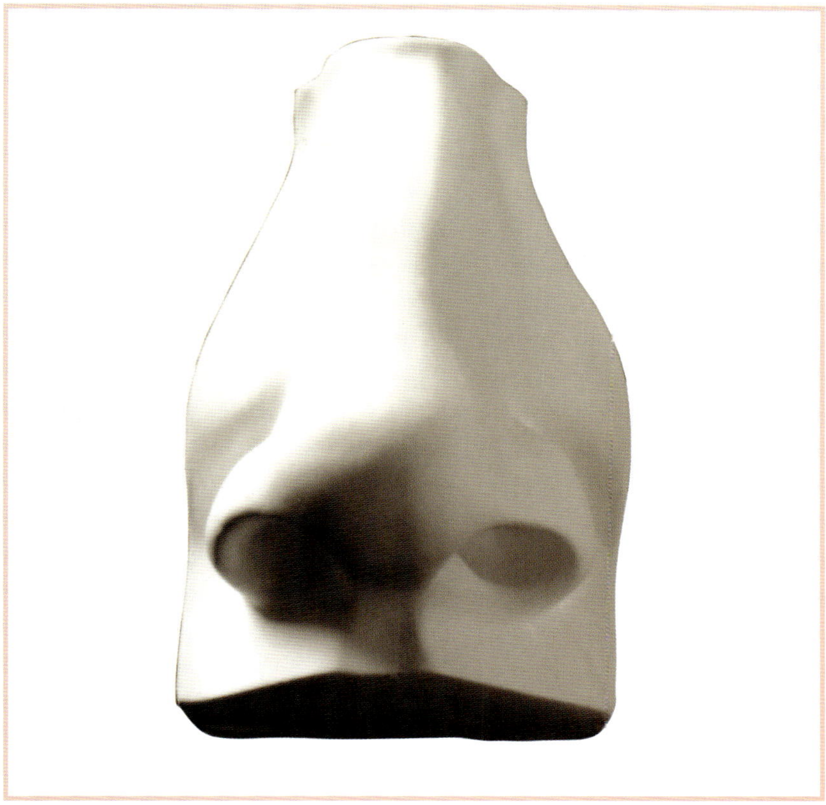

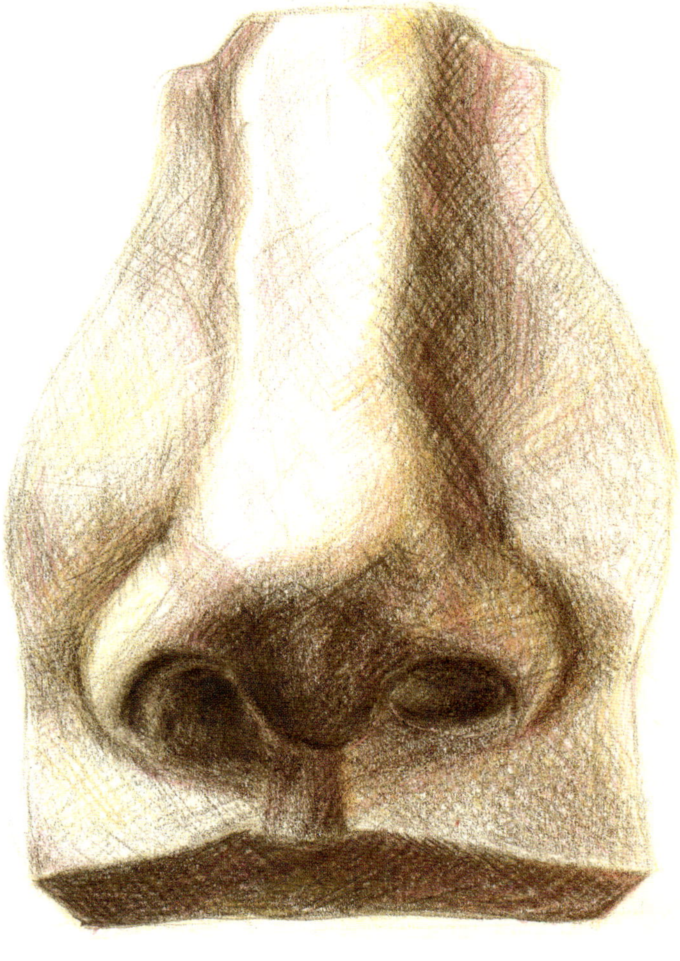

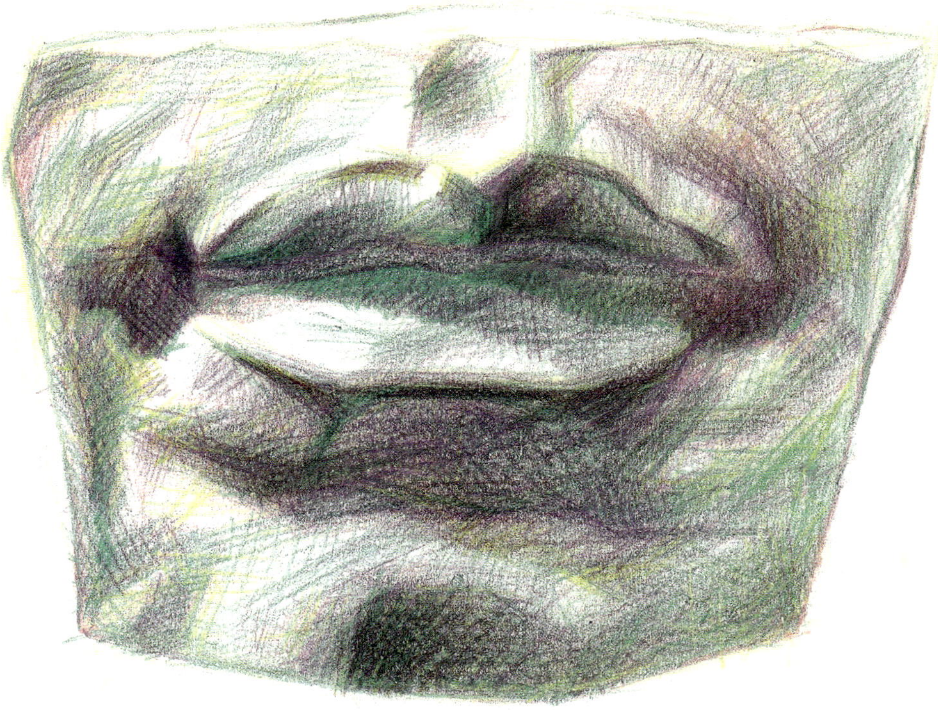

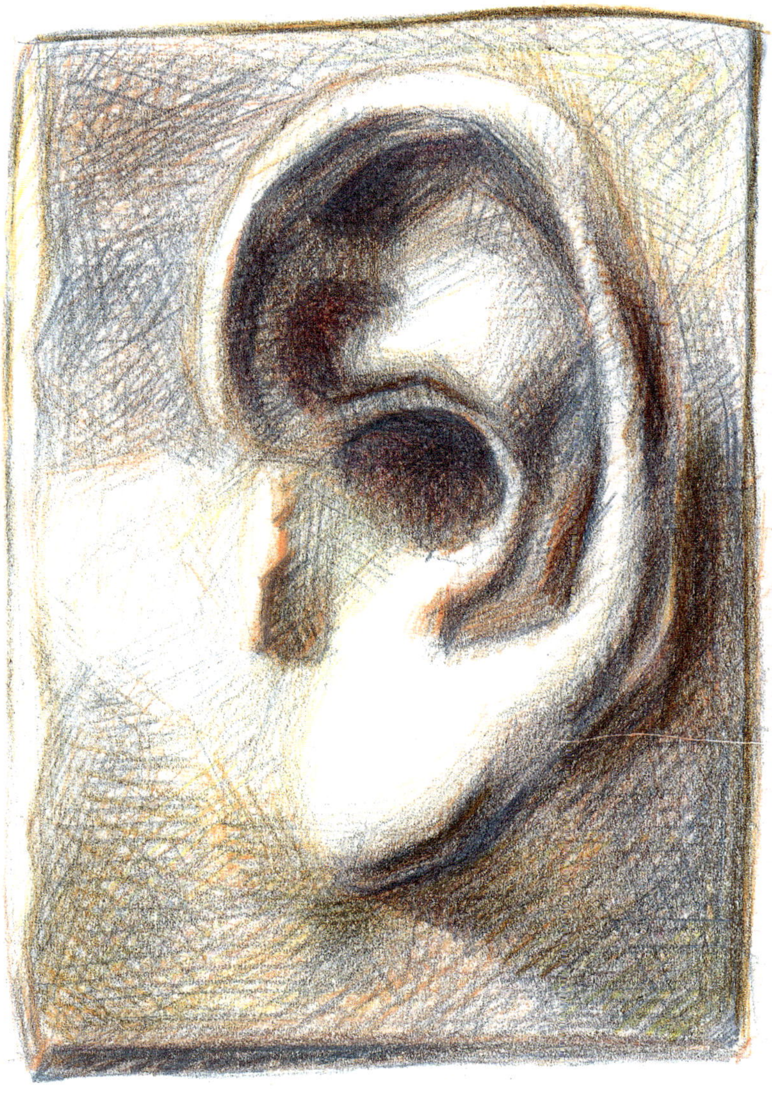

두개골 및 안면근육

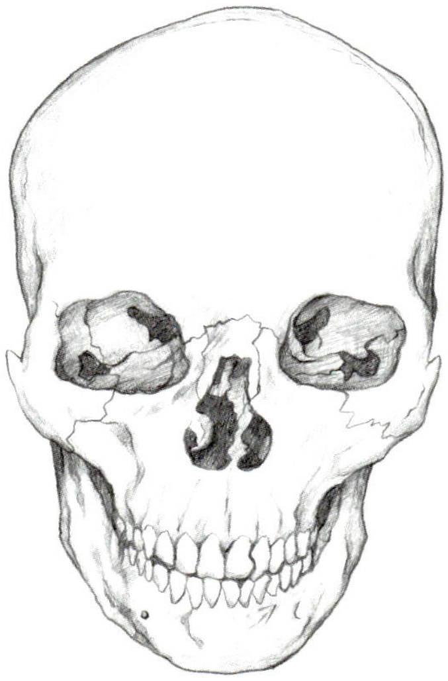

두개골의 정면

전두골, 두정골, 측두골, 비근골(비골),
누골, 사골, 전골(관골), 상악골,
서골(비중격), 턱끝구멍, 치악골,
턱끝융기(이융기)

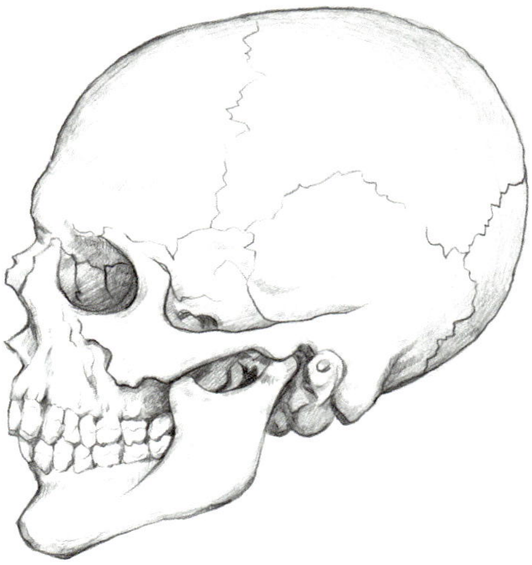

두개골의 측면

전두골, 두정골, 측두골, 비근골,
누골, 사골, 전골(관골), 상악골,
턱끝구멍(이공), 하악골, 턱끝융기(이융기),
접형골, 후두골, 유돌기(유양돌기),
날개돌기(익상돌기), 관절돌기, 하악각

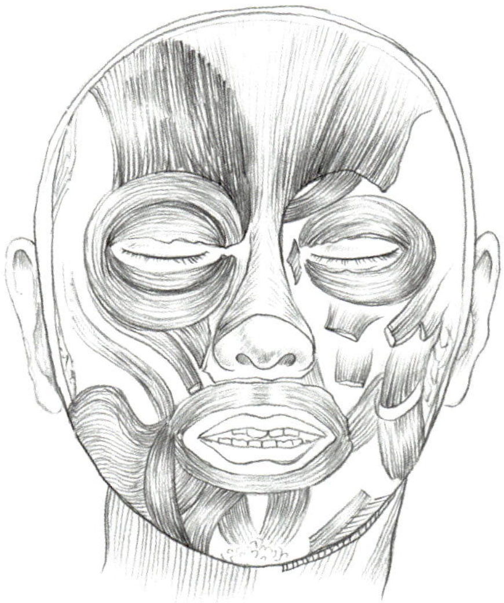

안면근육

전두근, 눈썹주름근(추미근),
입꼬리 올림근(구각거근),
입꼬리 내림근(구각하체근),
입둘레근(구륜근),
이하선과 협지방체,
측두두정근, 코근(비근),
볼근(협근), 넓은목근(광경근),
눈썹내린근, 눈둘레근(안와근),
소협골근, 대협골근,
턱끝근(이하근)

두부의 약화

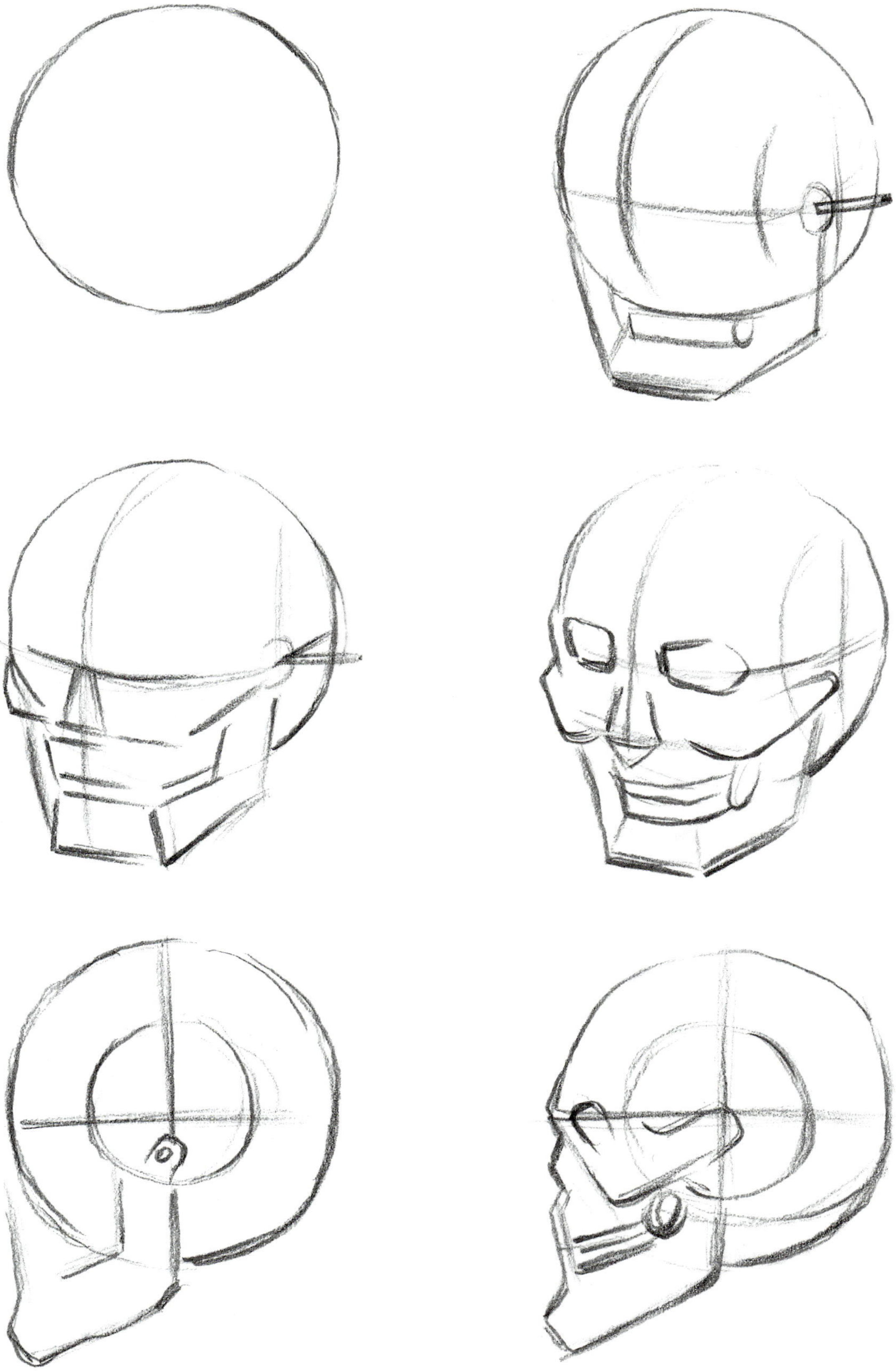

두부의 카논(Canon)법

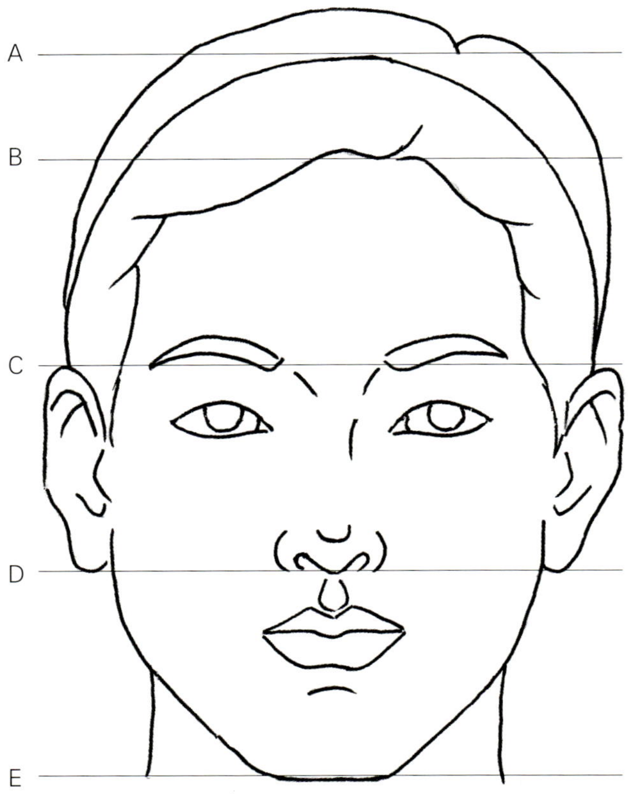

여기에 실린 두부의 카논은 성인이라면 연령, 성별에 상관없이 모두에 해당되는 것이다.

이 카논은 우선 인간의 두부에 세로 길이를 3.5등분한다. 그 분할에 따라 선을 그으면 다음과 같은 위치와 비율이 얻어진다.

(A) 두발을 제외한 정수리 꼭대기
(B) 두발이 시작되는 곳
(C) 귀 위
(D) 코 끝
(E) 턱 끝

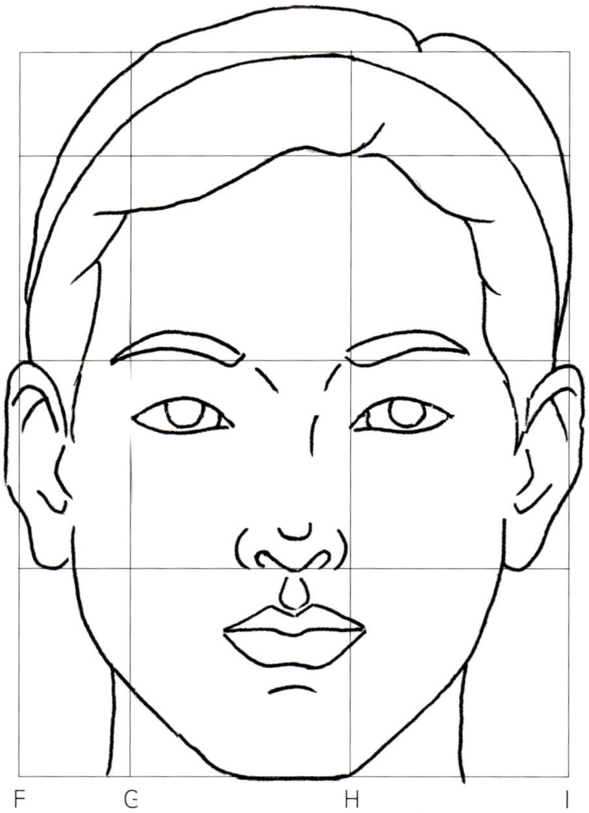

두부의 횡폭을 2.5등분한다.
그 분할에 따라 선을 긋는다.

이상에 따르자면 인간의 두부를 정면에서 보았을 경우 그 세로의 길이와 횡폭의 관계는 3.5:2.5, 즉 종:횡 = 1.4:1인 장방형을 만들어 낸다.

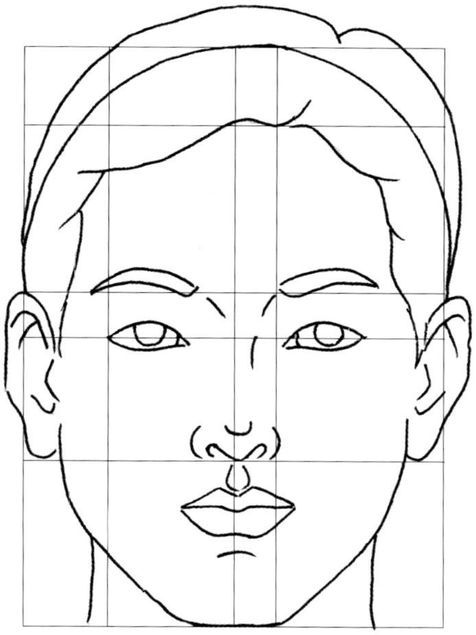

이 장방형의 중심을 수직과 수평으로 그리면 코와 입은 수직인 중심선상에, 두개의 눈은 수평인 중심선상에 놓인다.

특히, 후자의 관계, 즉 양쪽 눈은 두부의 세로 길이를 정확히 2등분하는 선상에 있다는 것.
이것은 중요한 일이다.

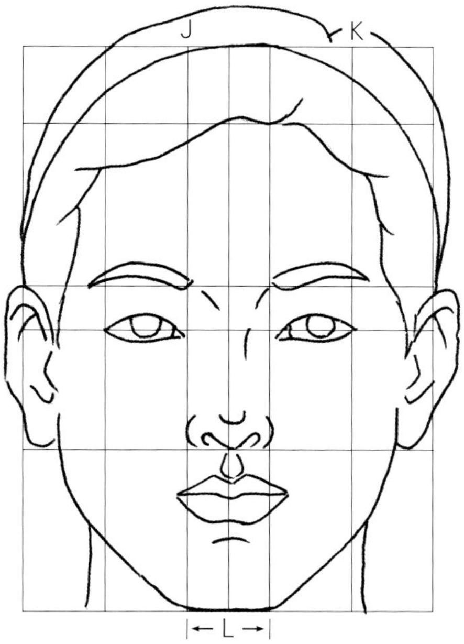

거기다가 J선과 K선으로 각 모듈을 2등분하는(즉, 전체의 횡폭을 5등분 한다) 것에 의해 양쪽 눈의 폭을 결정할 수 있다.

또 이것에 의하여 두 개 눈의 사이 폭은 눈 하나의 폭과 같아, 양쪽 눈 사이에 또 하나의 눈이 있는 것 같은 것임을 알 수 있다.

턱의 폭(그림 속의 L)도 두부 횡폭의 거의 5분의 1에 해당한다.

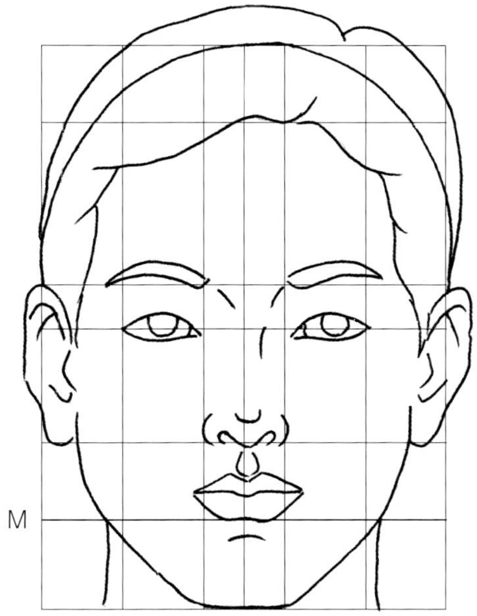

끝으로 아랫 입술의 하단은 제일 아래 모듈을 2등분하는 선 M상에 놓인다.

이상이 정면을 향한 두부의 카논이다.
카논은 그릴 대상의 기본적인 구조를 파악, 각 부분의 비율을 정하기 위한 가장 편리한 측정이다.

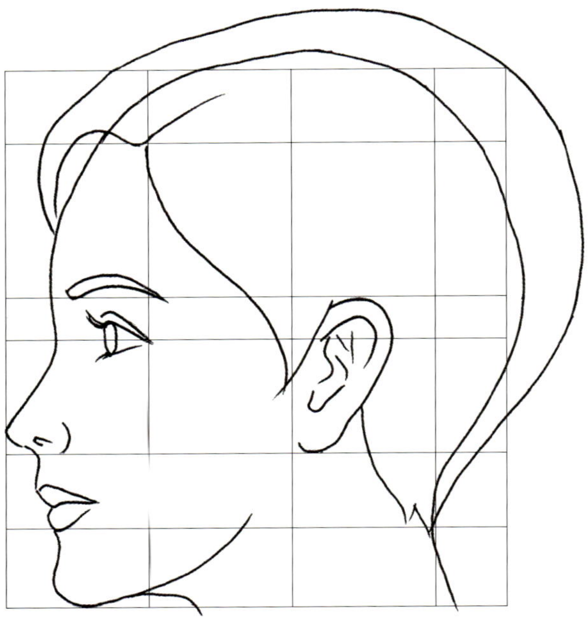

옆을 향했을 경우의 두부 전체의 세로 길이는,
이마의 세로 길이의 3배 반에 해당함을 알 수 있다.
따라서 옆을 향했을 경우의 카논은 세로와 가로의 비례관계에 있어서 정방형을 만들고 있다.

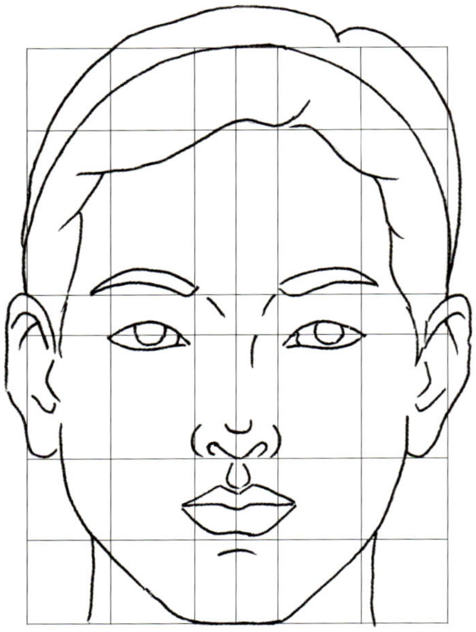

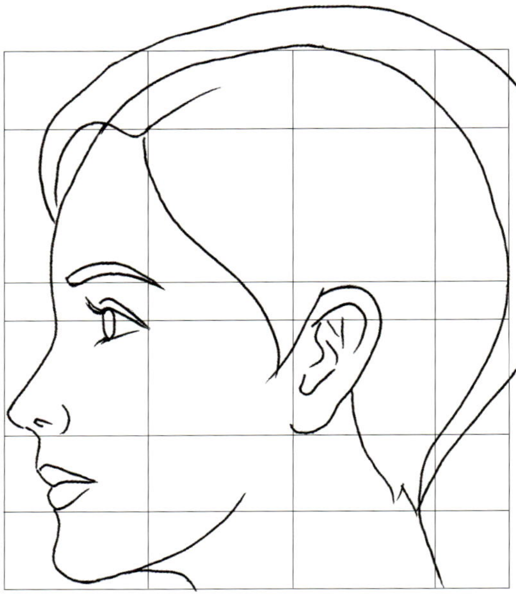

a

얼굴 각 부분의 위치와 비율에 대해서 기억해 두어야 할 것은 다음과 같다.

(a) 옆을 향했을 경우의 눈썹, 코, 귀, 입의 위치 결정에서는 정면을 향한 카논의 가로 모듈라인을 그대로 이용할 수 있다.

(b) 모듈, 즉 1단위를 3등분 하는 것에 의해서 더욱 여러 가지 위치관계를 파악할 수 있다.
안면의 각(角), 즉 안면 전방의 돌출 정도를 파악할 수가 있어 눈썹이나 눈, 코 등의 위치관계가 보다 명확해 진다.

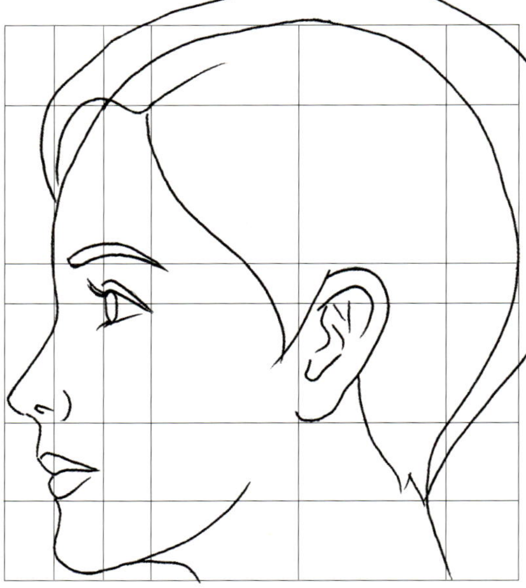

b

카논법에 의한 표현

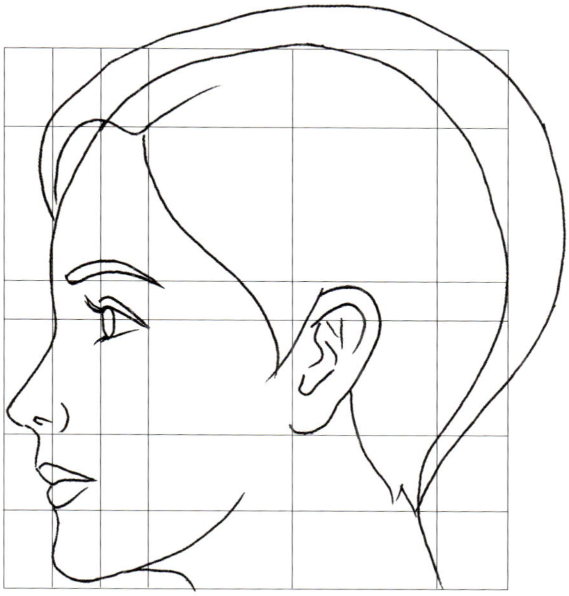

눈 · 코 · 입 · 귀의 표현

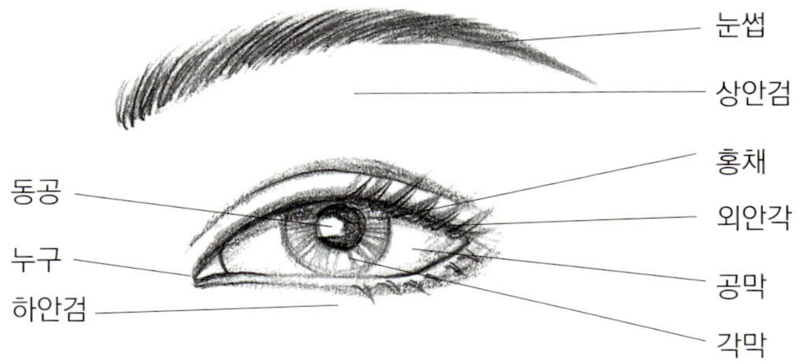

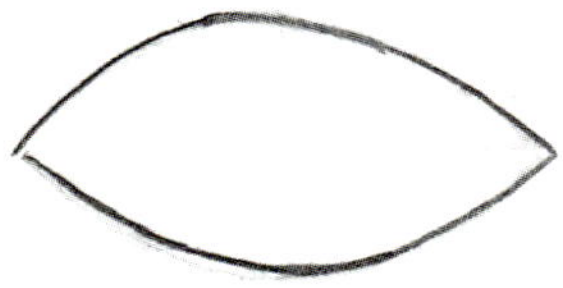

아몬드 형태를 가볍게 스케치 하자.

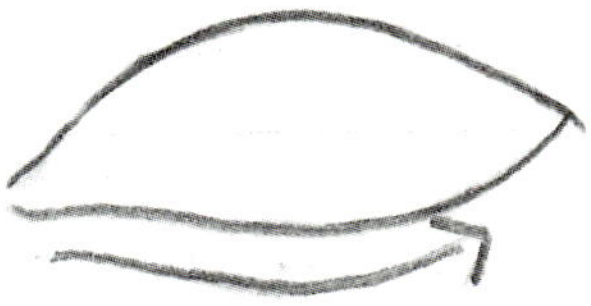

윗 눈꺼풀을 아랫 눈꺼풀 위에 씌운다. 아랫 눈꺼풀의 커브에 주의하자.

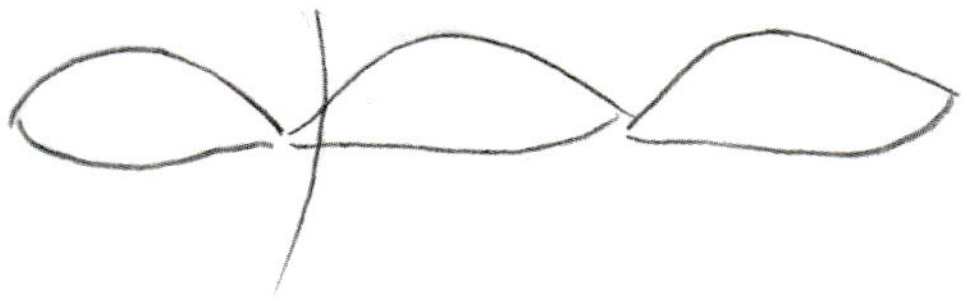

윗 눈꺼풀 아웃라인에 각이 약간 생긴다.

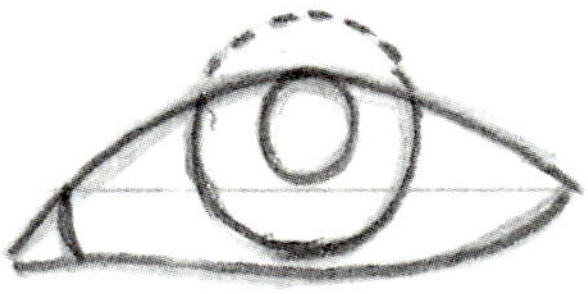

눈동자는 윗 눈꺼풀에 숨겨진 부분까지 생각하며 그린다.

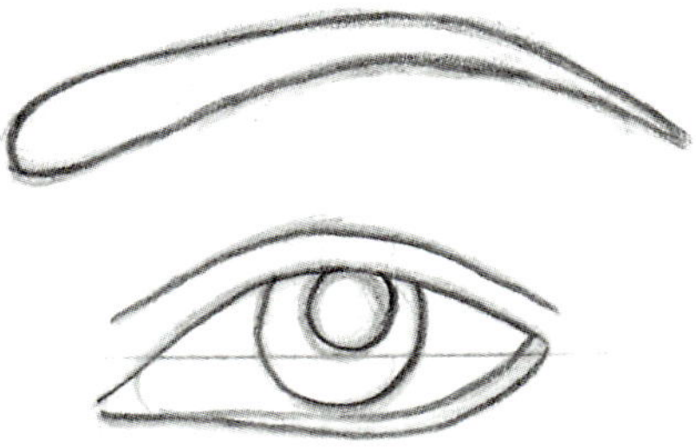

눈썹꼬리의 길이는 아랫 눈꺼풀의 아웃라인을 연장한 길이보다 조금 길게 한다. 쌍꺼풀 라인은 윗 라인의 흐름에 따라서 그린다. 윗 눈꺼풀의 라인을 그릴 때는 속눈썹이 길고 숱이 많이 보이는 곳을 진하고 굵게 그린다.

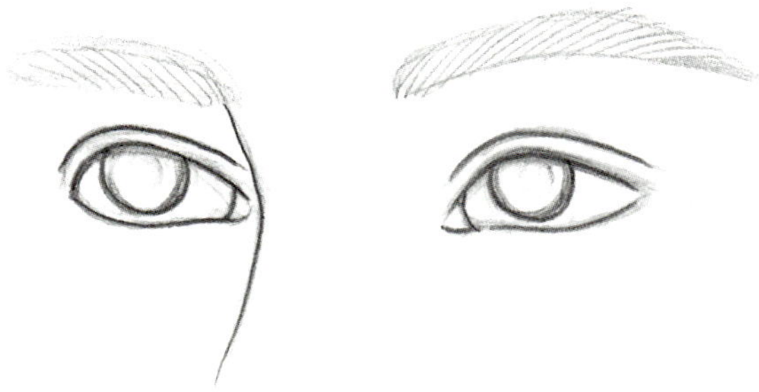

눈썹은 코의 경사진 면의 윗쪽으로 자란다. 활모양의 제일 높은 지점에 다다르면 눈썹의 윗쪽 털은 아래를 향해 자라지만 아래쪽 털은 본래대로 위를 향해 자란다. 눈썹이 자란 모양은 상대방의 눈썹을 보고 관찰하여 그리도록 한다. 동공의 빛과 각막까지 그리고 공막은 윗 눈꺼풀 라인에 따라 조금 엷게 그림자를 넣는다. 속눈썹은 아웃라인을 따라 방사상으로 자연스럽고도 질서있게 그린다. 눈의 아래를 관찰해 보면 안구의 움직임에 따라 조금 솟아오른 하안검의 모양에 주의하여 자연스럽게 그린다.

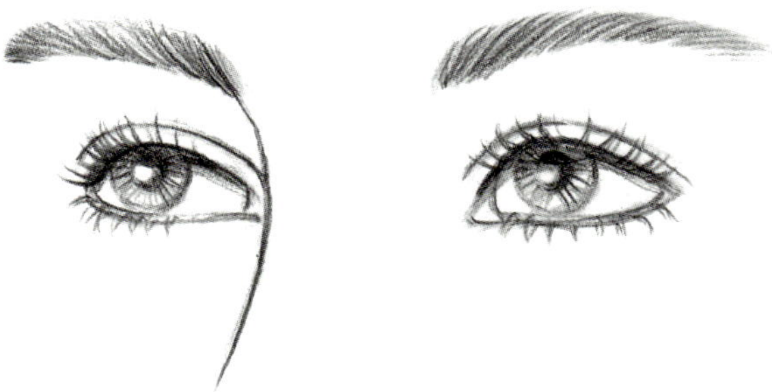

좌우 눈동자 시선을 생각하며 속 눈썹이 길어 보이는 곳에 주의하여 그린다.

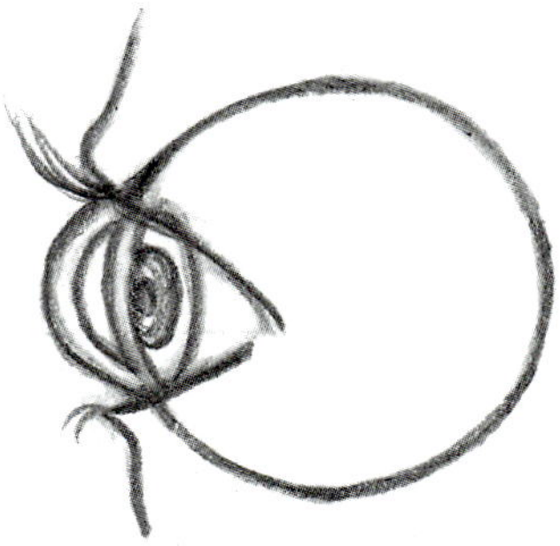

정면 방향에 비해 1/2의 크기가 된다.

안구 가장자리의 조금 움푹 들어간 곳에 엷게 그림자를 주면 입체감이 생긴다. 각막은 안구 위에 솟아 있다.

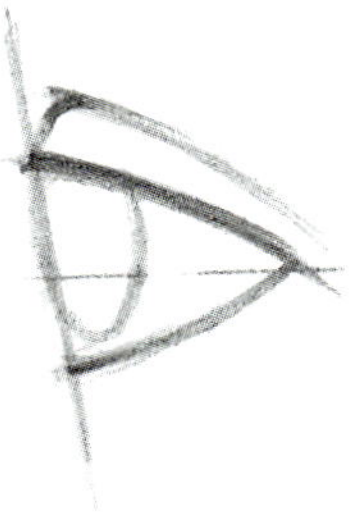

아랫 눈꺼풀은 윗 눈꺼풀보다 안쪽으로 들어간다.

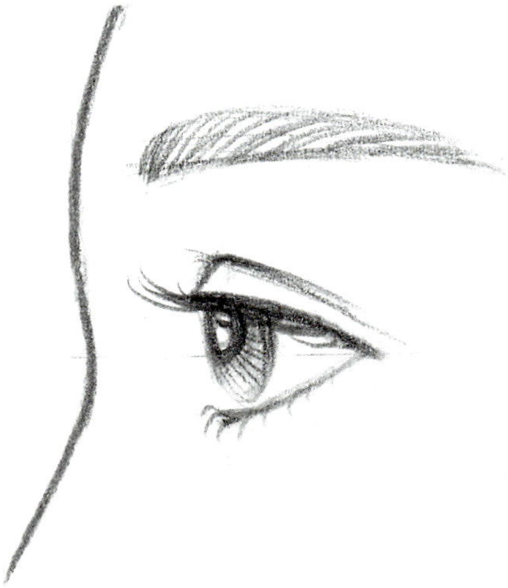

눈동자도 절반이다.

다음은 코를 그리는 한 예이다.

코를 그리기 전 남성과 여성의 차이를 비교해 보자. 선의 흐름을 관찰하여 남성은 여성에 비해 각이 지게 하거나 크기를 살펴 그리면 된다. 코의 형태는 다양하고 입체적이다. 골격을 참고로 살을 붙여 표현 해보자.

정 면

비스듬한 방향

코 골격의 기울기를 주의깊게 관찰하자.

콧망울을 좌우 대칭으로 그린다. 선을 사용하여 빛을 많이 받는 부분은 연하게, 어두운 부분은 진하게 그려보자.

콧망울과 코끝의 흐름을 관찰하여 둥글게 그리자.

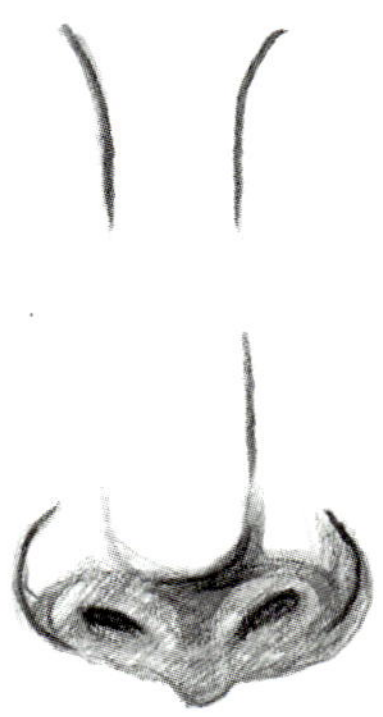

골격의 명암을 참고로 그림자를 넣어 완성한다.

명암을 넣어 완성 시킨다.

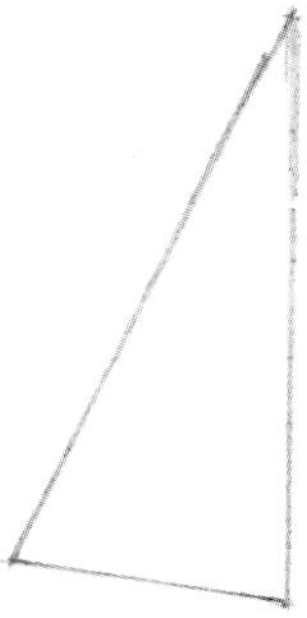

코 측면의 골격을
관찰하자.

정면에서 약간 위로

코 밑의 선은 코끝과
콧망울 넓이의 중간정도
지점에서 그린다.

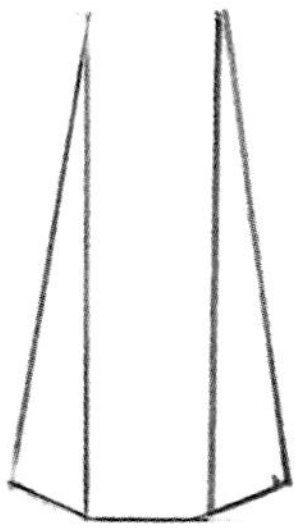

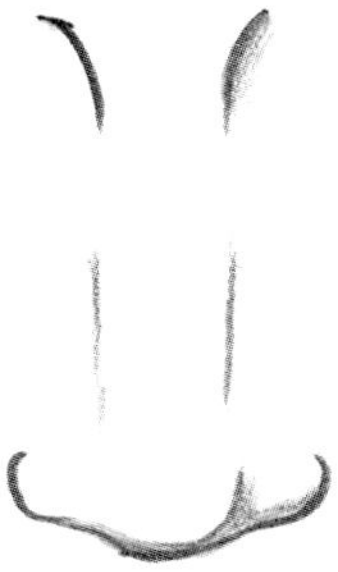

정면에서 약간 아래로

그늘진 부분의 선을
강하게 넣고 명암을
넣어 완성시킨다.

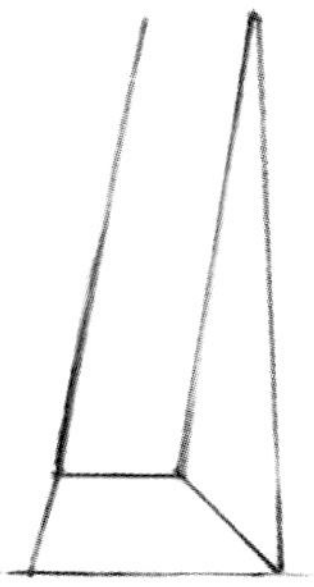

비스듬하게 약간 위로

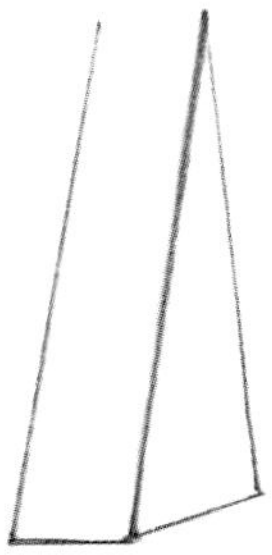

비스듬하게 약간 아래로

다음은 입을 그리는 한 예이다.

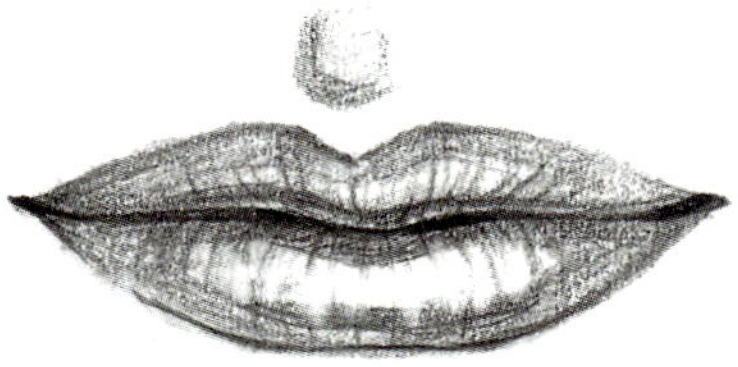

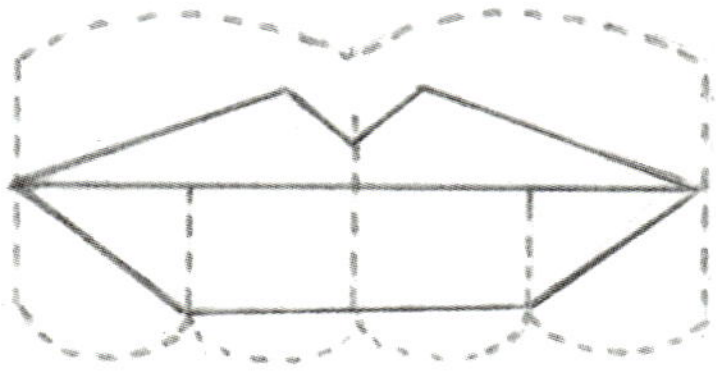

입술의 형태는 치아의 모양에 의해 좌우 대칭으로 되어 있다.

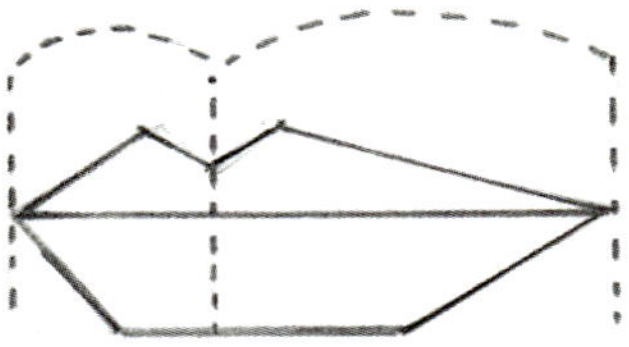

4:6의 비율로 중심선의 위치를 확인하자.

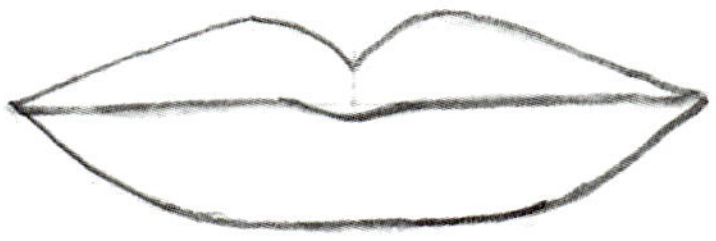

상순과 하순 사이의 구열을 강한 선으로 그린 다음 윗 입술과 아랫 입술을 그린다.

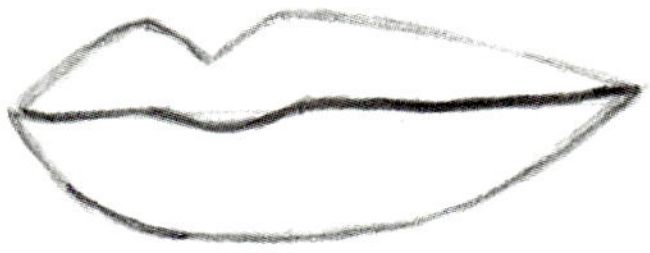

상순과 하순 사이에 구열을 강한 선으로 그린 다음 윗 입술과 아랫 입술을 그린다.

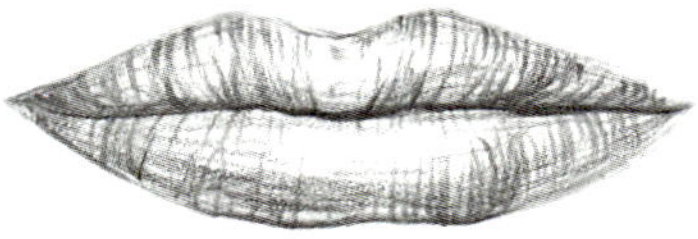

명암을 넣을 때는 구열 쪽으로 모아지게 부채살처럼 그린다. 이때 볼륨감 있게 곡선을 사용한다.

명암을 넣을 때 구열 쪽으로 모아지게 그린다.

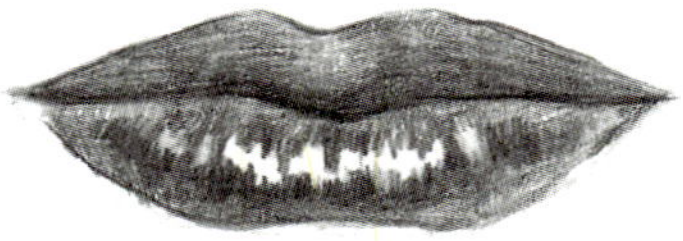

윗 입술이 아랫 입술보다 돌출되어 있기 때문에 구열부분에 음영이 생긴다. 윗 입술과 아랫 입술에도 볼륨감 있어 보이게, 들어간 부분은 어둡게, 나온 부분은 밝게 처리한다. 아랫 입술에 하이라이트를 남긴다.

볼륨감 있게 명암을 넣고, 구열 부분에 음영을 그리면서 하이라이트를 남긴다.

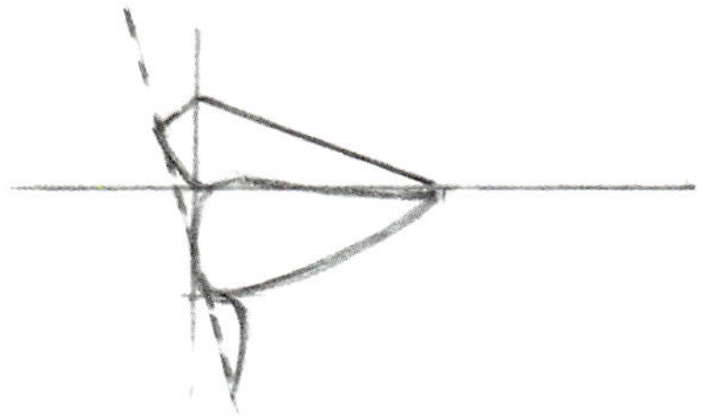

상순보다 하순이 안쪽으로 들어간다.

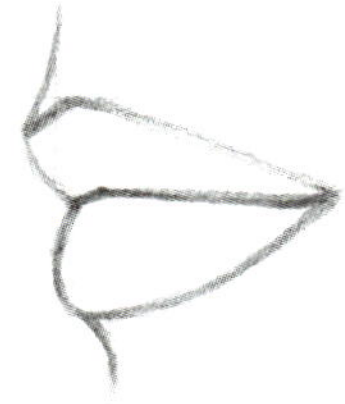

상순과 구열, 하순과 선의 움직임을 관찰하자.

구열은 그늘이 되기 때문에 강하게 그린다.
명암을 넣을 때는 구열 부분을 모아지게 그린다.

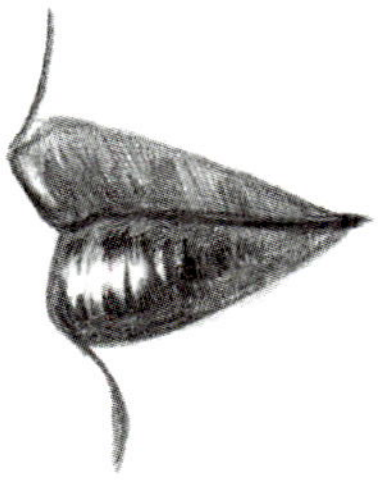

명암을 그리면서 하이라이트를 남긴다.

다음은 귀를 그리는 한 예이다.

이륜을 그린다

이륜 양쪽을 그린다.

정확한 형태를 그린다.

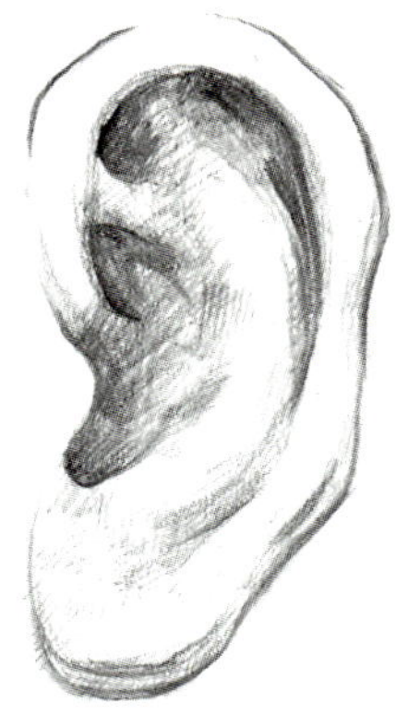

외이도와 움푹 들어간 부분은
그림자를 넣어 그린다.

머리카락의 표현

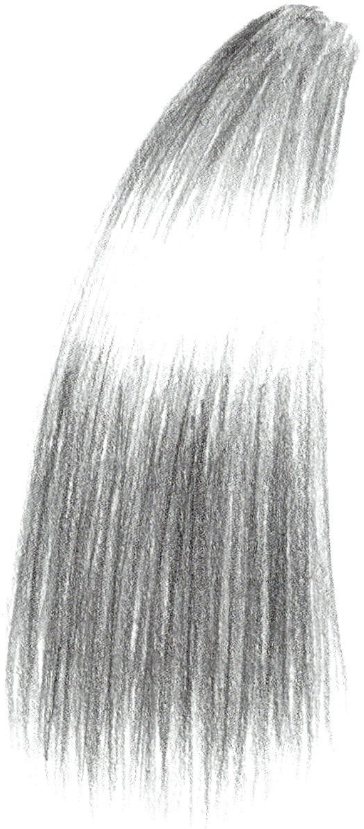

생머리나 퍼머넨트 머리이거나 어떤 상태의
머리카락이든지 빛을 받는 부분이 밝게 빛난다.
그 빛을 얼마나 남겨서 표현하느냐에 따라
머리카락이 무겁게 보이거나 둔하게 보이지 않고
생동감 있게 표현될 수 있다.
팔 전체를 이동하면서 그린다.

예) 잘못된 사례

위의 밝은 부분은 선의 연결이 없는
잘못된 표현이므로 이어지는 느낌이
들게 그려야 한다.

웨이브를 표현할 때의 주의점

머리카락의 웨이브 표현은 자연스럽고 풍부하게 표현되어야 한다. 소용돌이 모양으로 말려진 머리숱의 덩어리가 어떻게 변하는지 관찰하자. 1,2,3의 머리숱이나 4,5,6의 숱도 모두 폭이 변하고 있다. 어느 것이나 그림자에 의한 명암을 주거나 돌돌 말려진 머리카락의 방향에 따라 물결치게 하여 전체적으로 하나의 형태를 이루고 있다.

확대해서 그린 머리카락

선을 하나로 모아서 그리는 경우에는 선 그 자체를 똑바로 그려서는 안된다. 머리카락의 형태를 만드는 선은 평행인 경우도 있고(A), 머리카락의 방향에 따라 비꼬인 느낌을 주는 경우도 있다.(B) 둥글게 된 머리카락은 부채모양의 선을 그려준다.(C) 프론트 부분의 머리카락은 조금 들어 올려서 이마로부터 사이를 두면서 흘러 내리고 있다.(D) 머리숱이 한번 빙 둥글게 말려져 있는 경우에는 선을 조금 흐트러진 듯 그린다.(E) 크게 물결치듯이 말린 머리카락을 그려보자.(F)

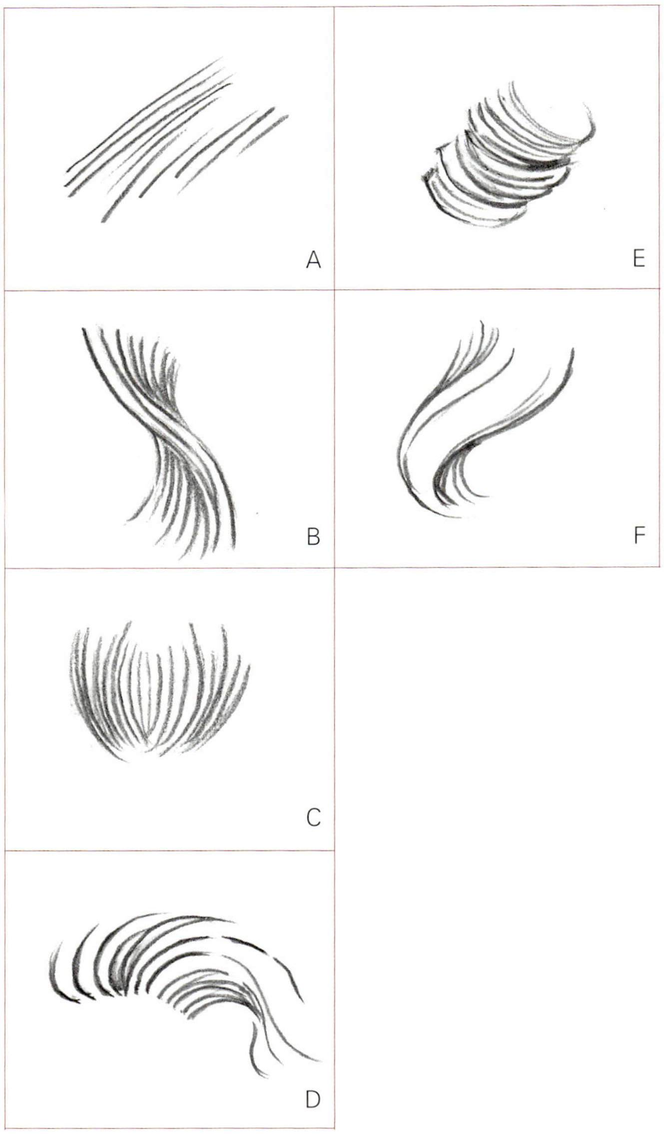

목의 표현

목을 그릴때의 주의점

초보자는 특히 목의 모양에 관한
다음 사항을 잘 기억해 두기 바란다.

잘못된 경우

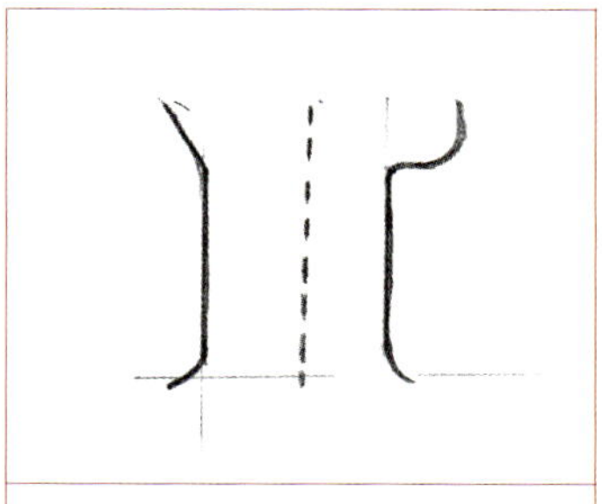

목을 옆에서 보았을 때 똑바로 되어 있는 경우는 거의 없다.

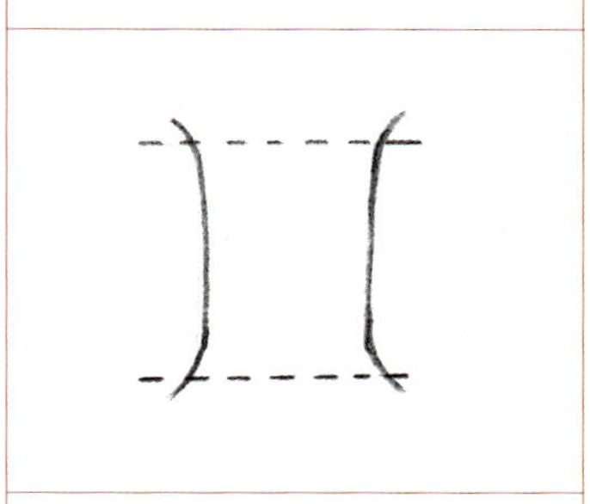

옆에서 본 목의 선은 바닥과 평행하지도 않고 그림에 표시된 두 점선의 길이가 똑같은 경우는 없다.

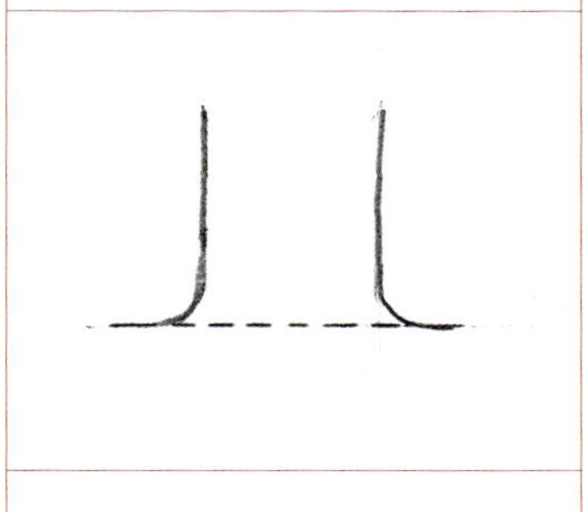

앞에서 본 목의 양쪽은 평평한 어깨선에서 갑자기 생겨난 것처럼 보이지는 않는다.

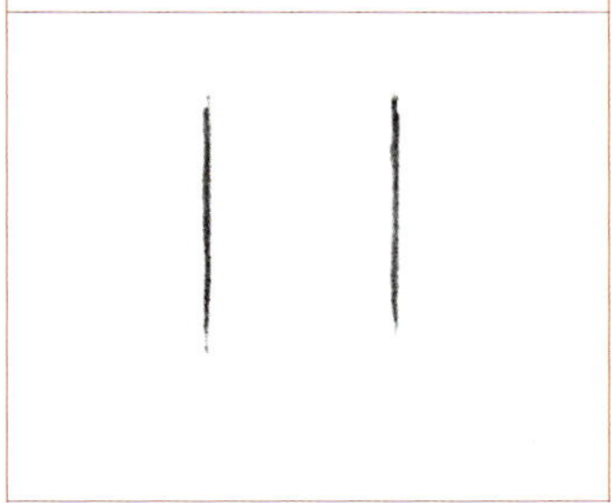

목의 양쪽 선은 똑바른 평행으로 보이지는 않는다.

바른 경우

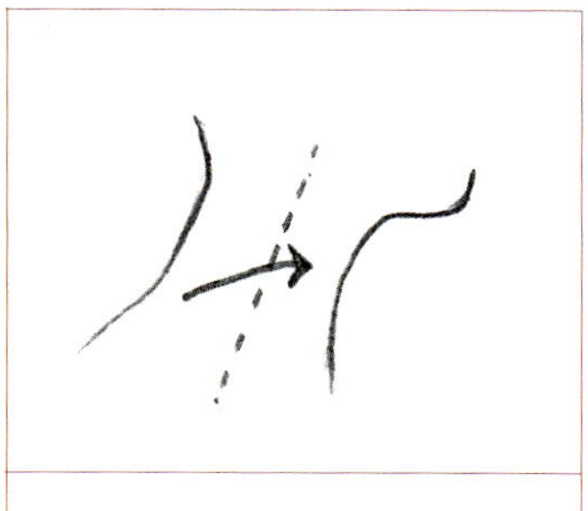

자연스러운 목의 위치는 어깨에서 벗어나면서 앞으로 기울어져 있다. 이 기울기의 각도는 일반적으로 남성보다 여성이 현저하게 두드러진다.

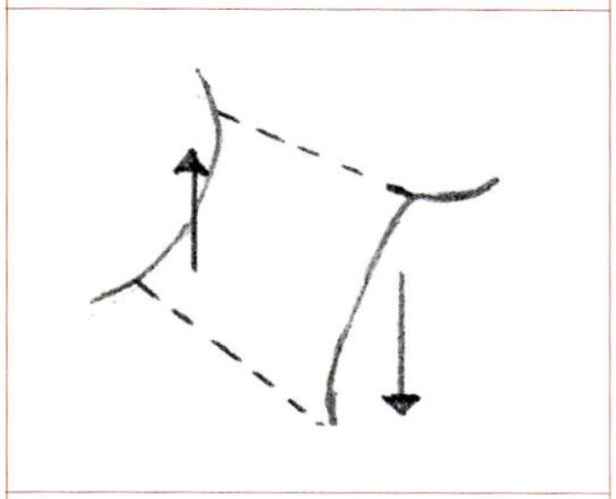

그림의 두 점선은 뒤로 갈수록 높아지고 목 뒤쪽이 앞쪽보다 짧게 되어있다.

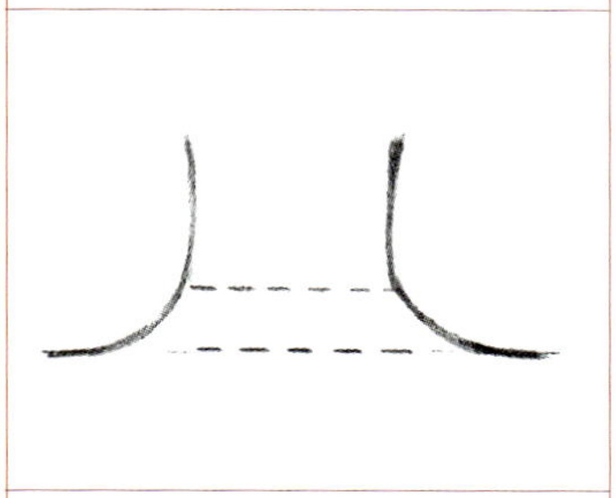

앞에서 보았을 때 목이 붙어있는 부분은 다양한 모양의 사다리꼴로 되어있다.

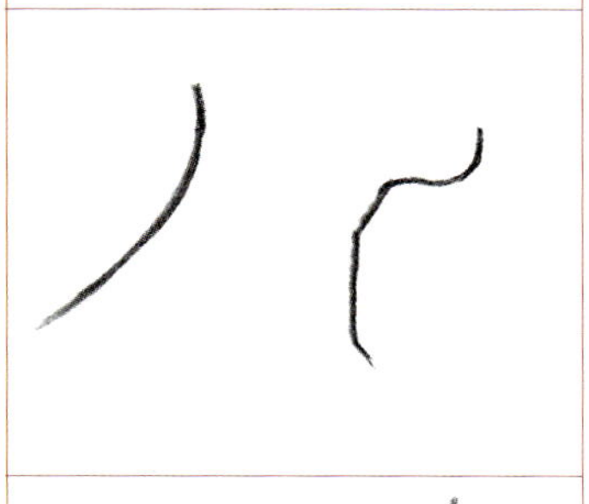

목의 양쪽선은 목의 근육형태나 발달정도에 따라 경사지거나 둥그스름하게 된다.

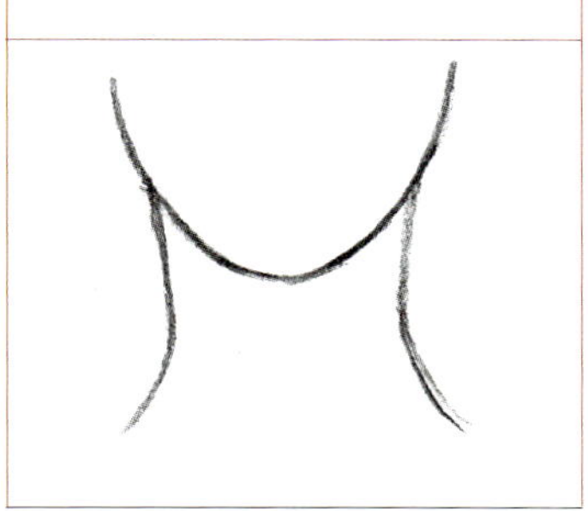

남 · 여 얼굴 그리는 법

손가락 끝이 아니라 손목 전체를 사용해서 움직인다.

정 면

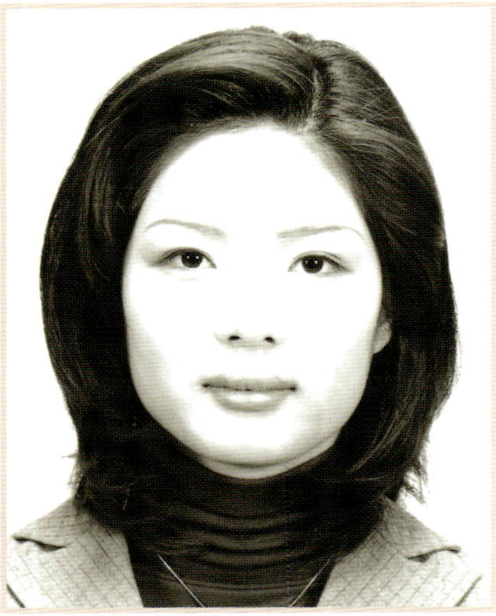

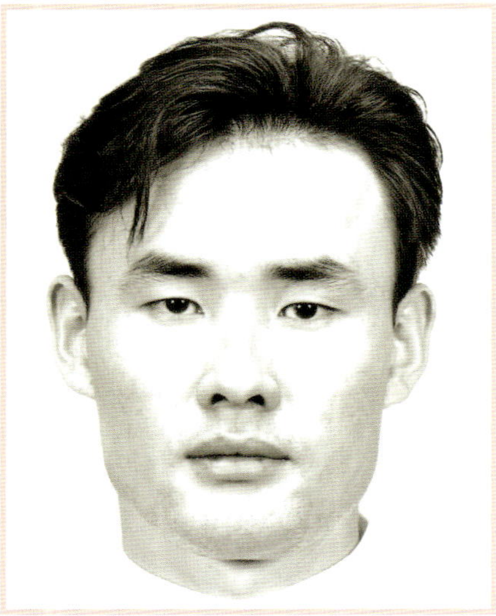

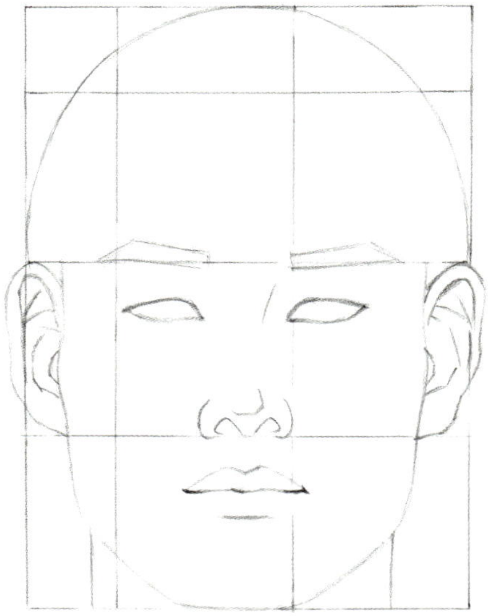

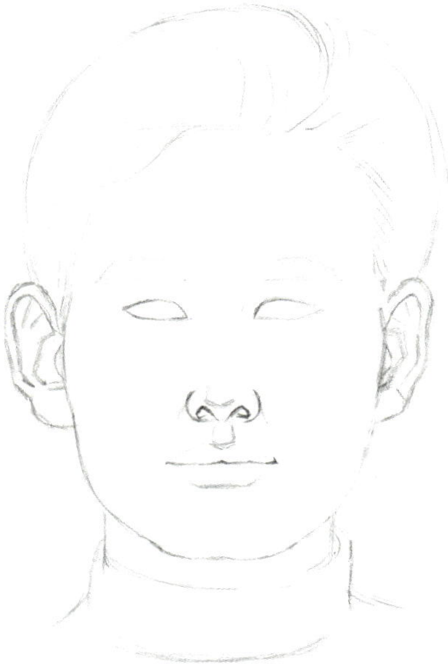

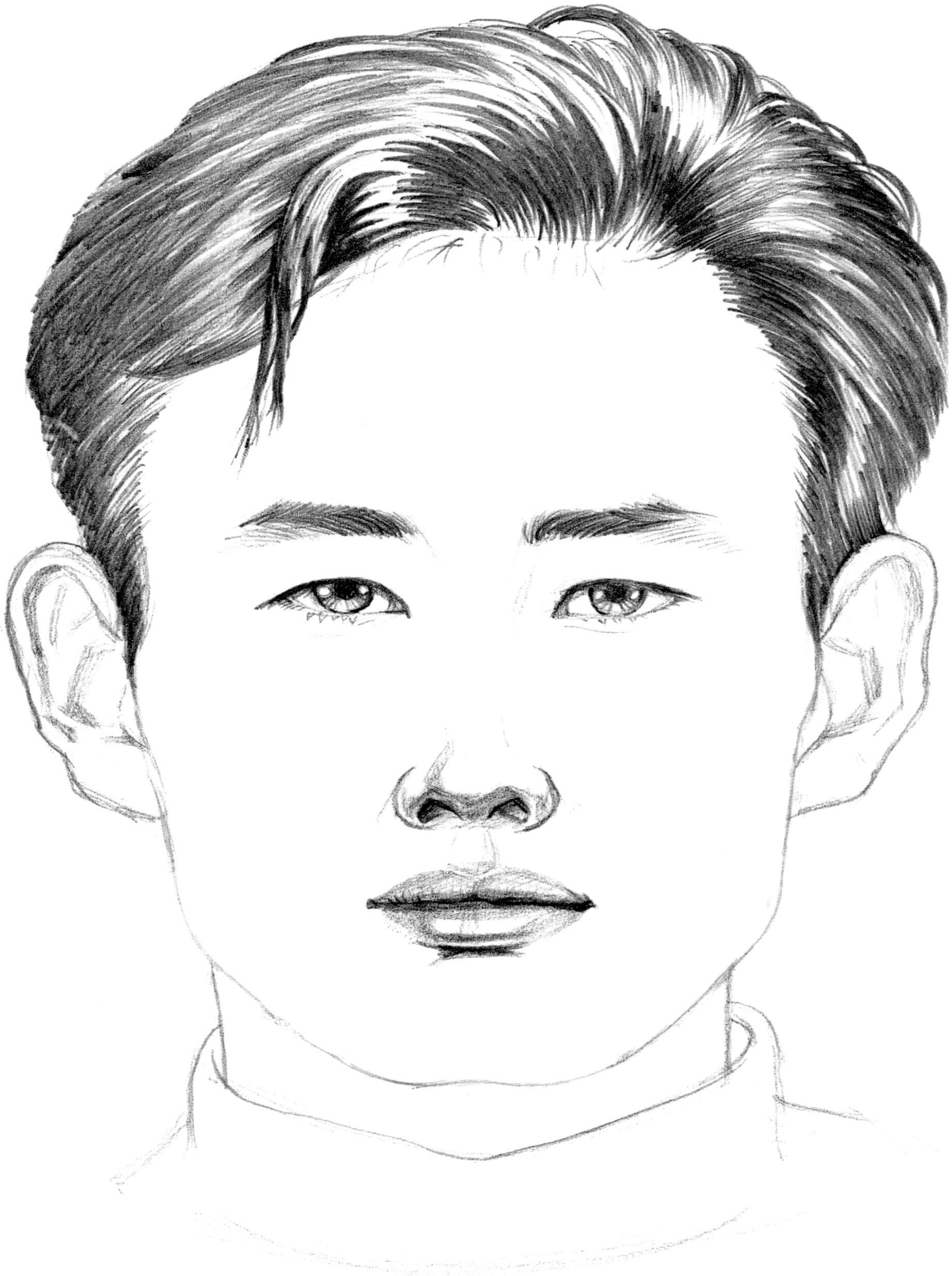

비스듬한 면

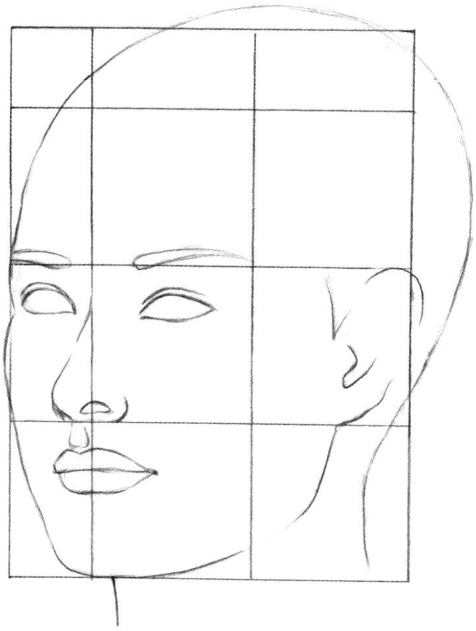

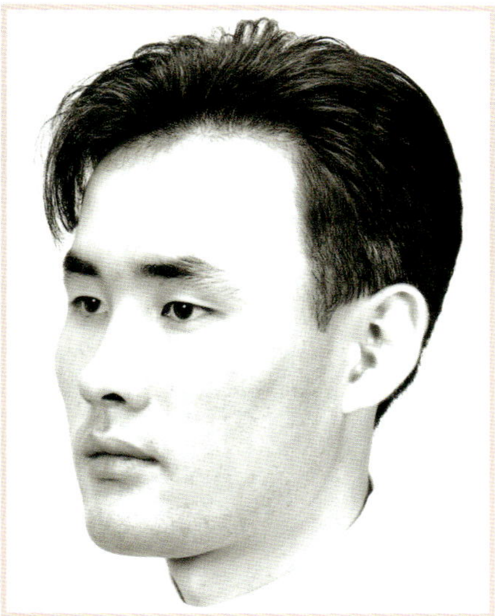

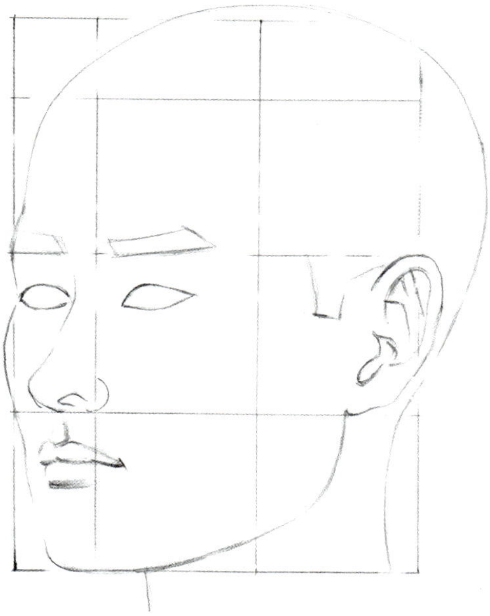

측 면

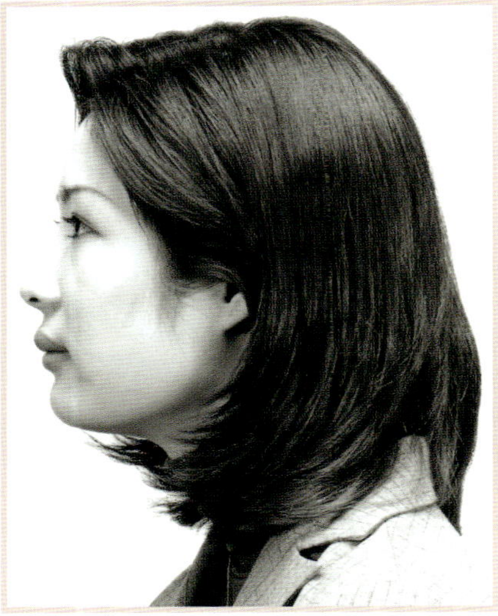

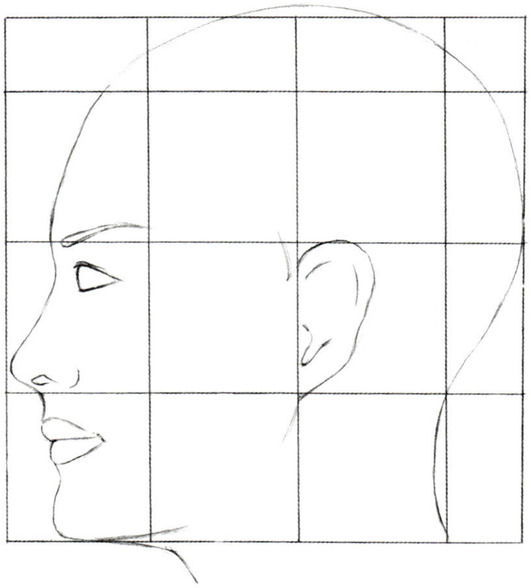

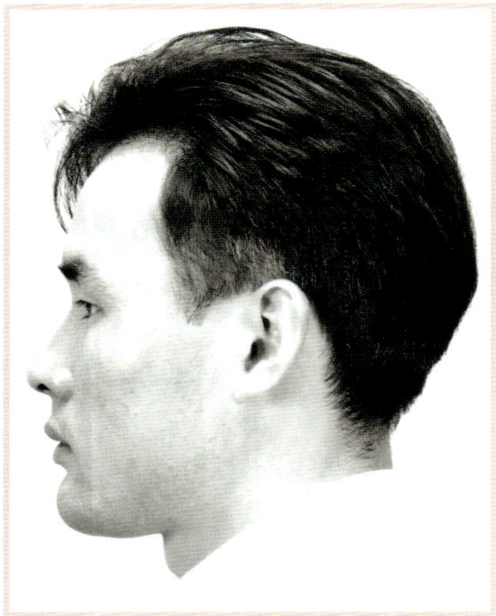

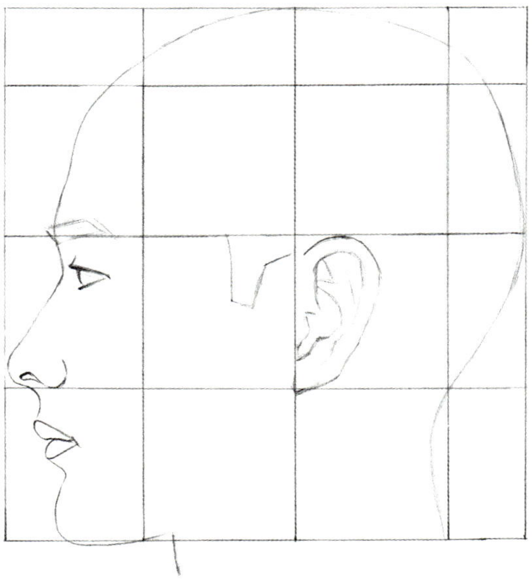

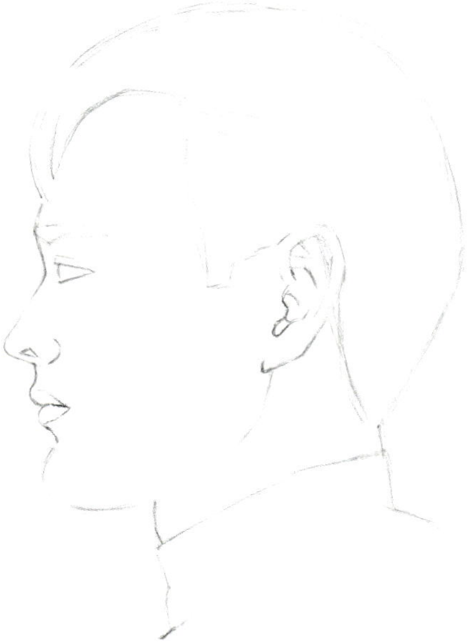

HAIR CREATIVE

다양한 방법의 헤어스타일화

HAIR CREATIVE

헤어스타일의 시대별 변화

1950 ~ 1990

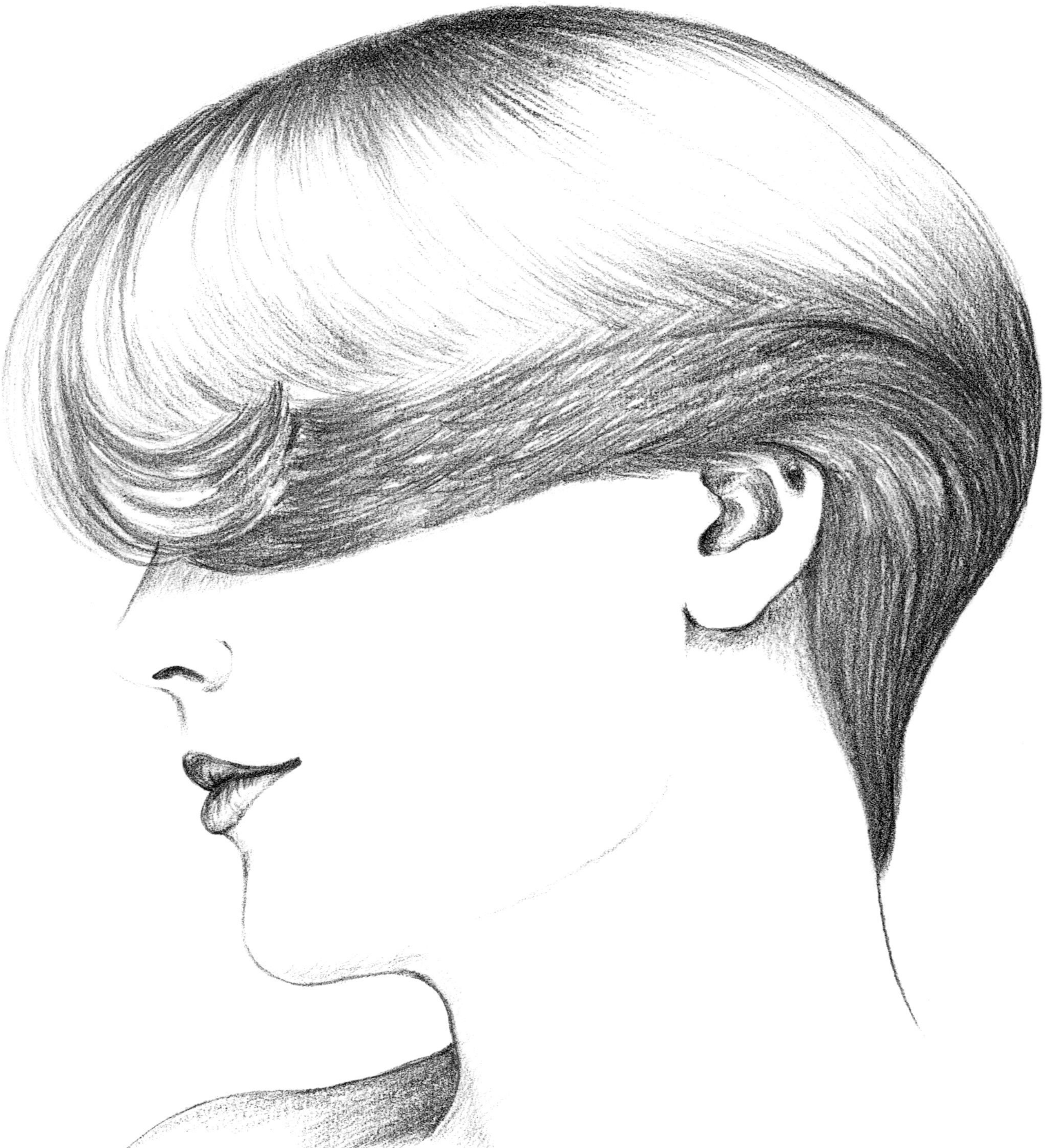

학생작품

학생작품

학생작품

HAIR CREATIVE

헤어스컬프춰

헤어스컬프춰에 대하여

스컬프춰를 공부하는 목적은 눈, 코, 입, 귀, 두상의 형태, 머리카락의 질감 등 세부적 조형감각을 익힘으로써 헤어스타일화의 표현과 함께 아름다움을 추구하는 미용인에게는 필수적 과정이라 하겠다. 미용에 있어서 헤어커트의 정교한 작품과정을 헤어조각(Hair Sculpture)으로 부르기도 할 정도로 스컬프춰에 대한 관심과 이해는 더욱 중요시 되고 있다.

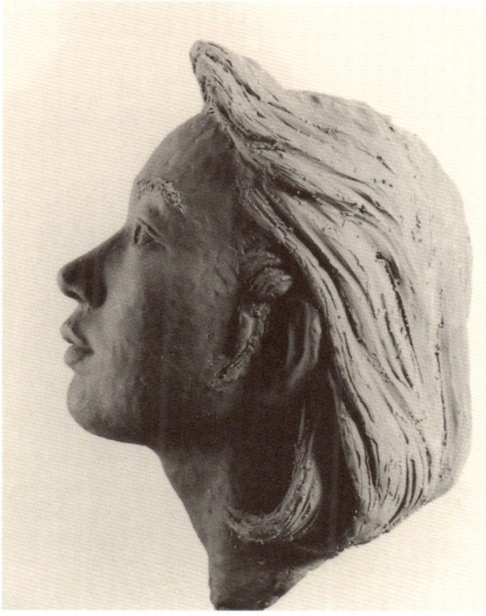

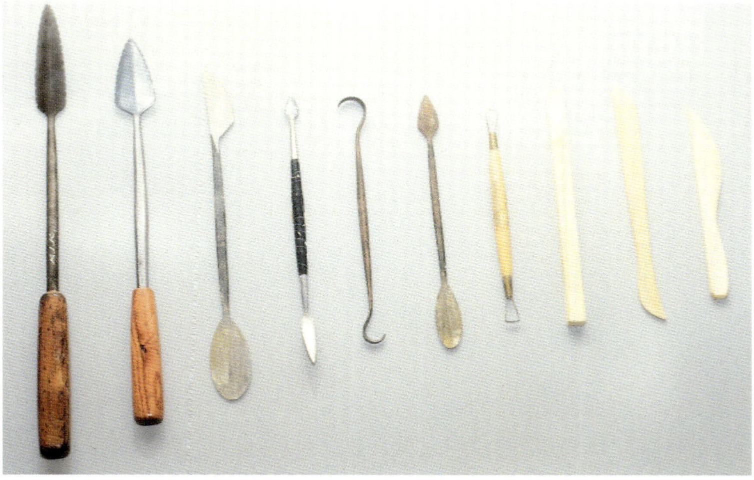

윗 사진의 도구들은 스컬프춰 제작에 쓰이는 다양한 주걱의 형태로써 각 부위와 표현방법에 따라 적절히 선택하여 쓰도록 한다.

헤어스컬프춰 제작과정

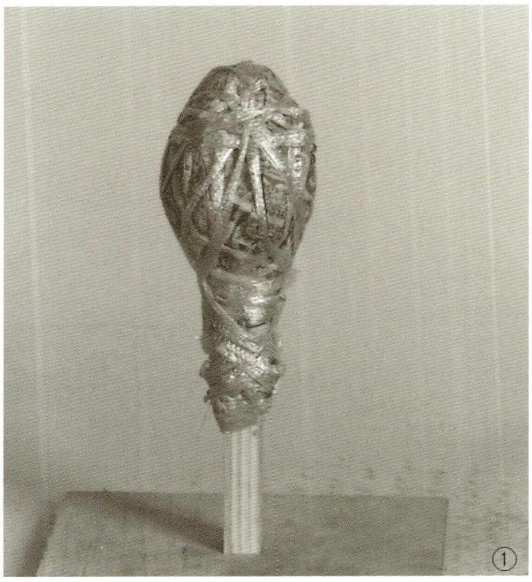

①

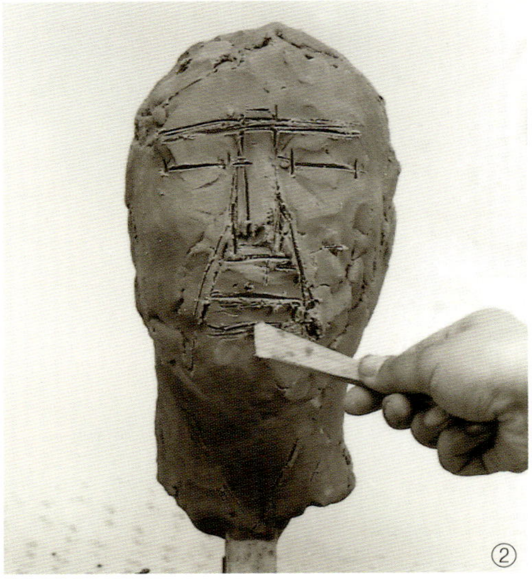

②

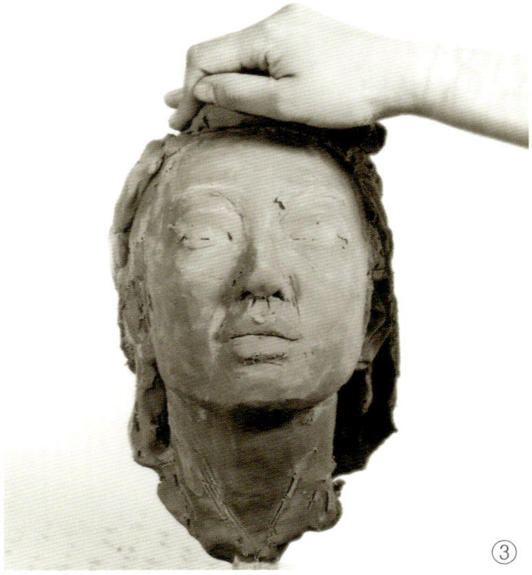

③

① 두상심봉에 기본점토를 단단하게 붙인다.
② 중심선을 긋고 눈, 코, 입 등의 위치를 잡는다.
③ 얼굴과 함께 머리카락의 덩어리를 함께 붙여나간다.
④ 세부적으로 마무리하며 완성시킨다.

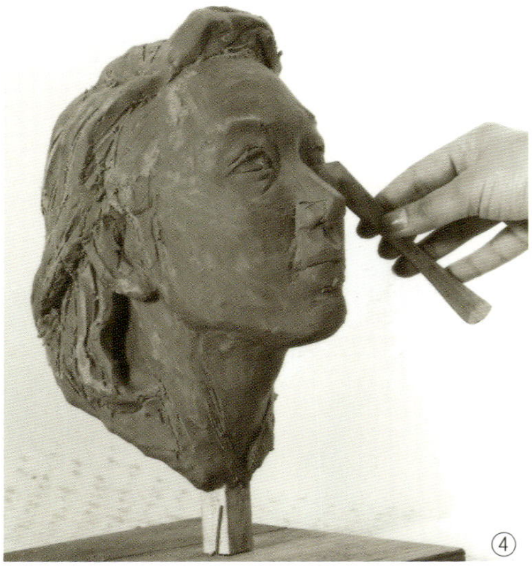

④

학생작품

학생작품

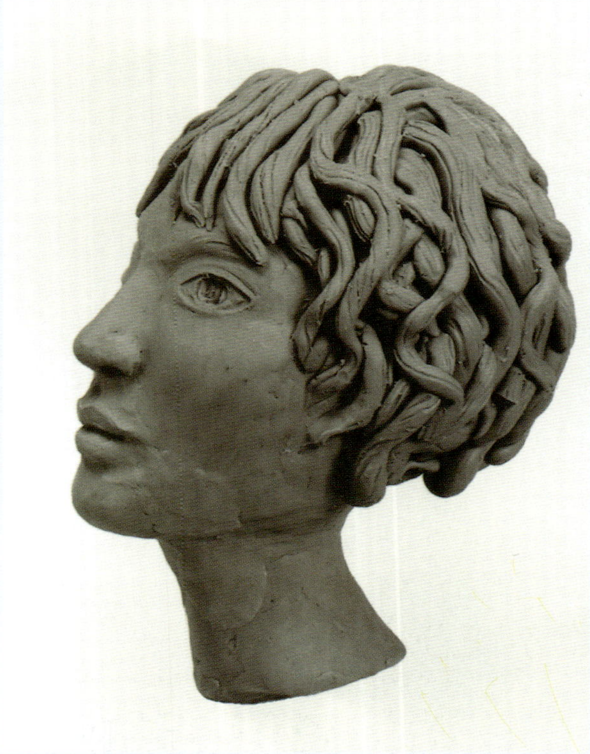

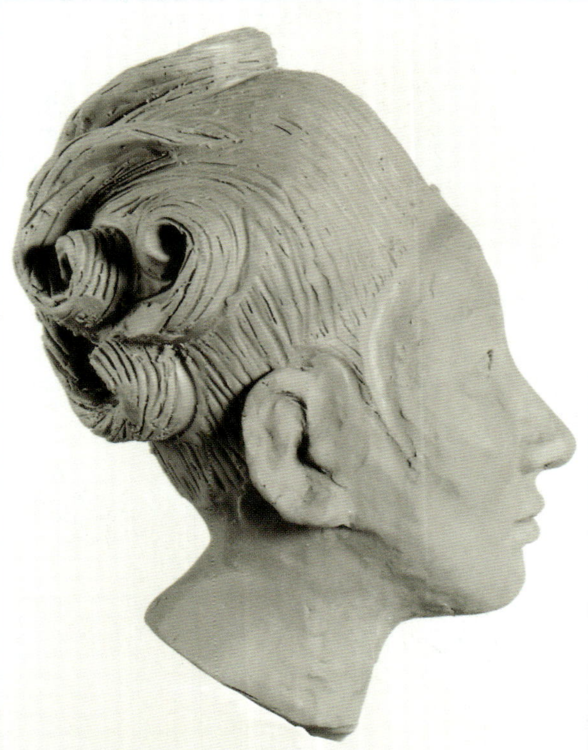

학생작품

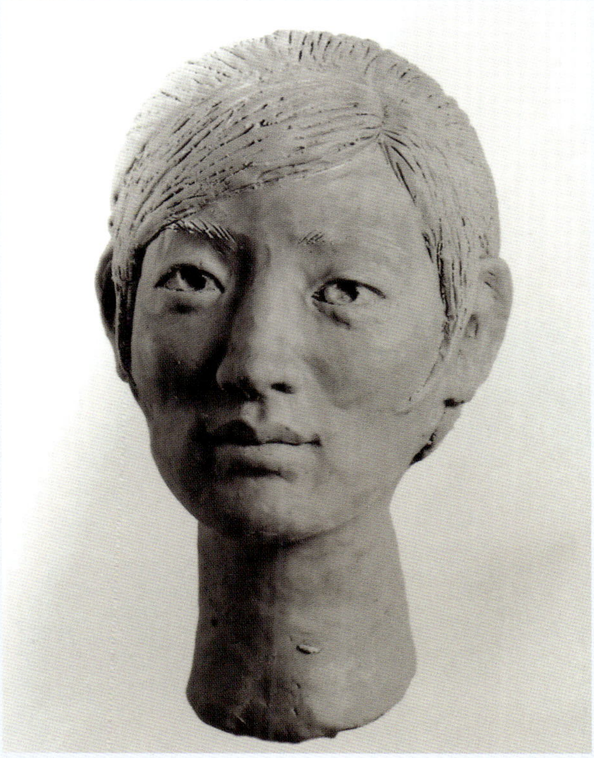

참고서적

책 명	출판사명	저 자 명
일러스트 교실	삼호미디어	Andrew Loomis 저
일러스트레이션 기법	삼호미디어	Terry R. Presnall 저
인물화 교실	삼호미디어	Walt Reed 저
Hair TEX 7	Dowa Planning Inc	
테크니컬 인체묘사	우람	Jack Haamm 저
연필 인물화	연필화	백연흠
캐리 커처	신도	전영석
초상화 뎃상	이종문화사	WENDOLN BLAKE 저
얼굴의 연필화 기법	이종문화사	일본시각디자인 연구소 저
얼굴과 손의 기법	이종문화사	A 루미스 저
나체와 크로키	고려문화사	허만욱 엮음
색연필 드로잉	예경	이에인 허튼 제이미슨 지음
Estetica art book	ESTETICA	G. Canale & C.

Profile

조 성 태

- 현 광주보건대학교 피부미용과 교수
- 전주대학교 이학박사학위 취득
- 한국미용학회 7대회장 역임
- 밝은사회 빛고을클럽 회장 역임
- 신세기 미용학원장 역임
- 1급 미용사 자격취득
- C · A · C · F 초청 헤어스타일화 강의
- B · M · C 초청 헤어스타일화 강의
- 대한미용사 중앙회 초청 헤어스타일화 강의 등 전국 초청강의 다수
- 숙명여대 평생대학원 모발생리학 강의
- 전남대학교 사회교육원 모발생리학 및 일러스트레이션 강의
- 전북대학교, 한남대학교 사회교육원 일러스트레이션 강의

저 서 / 헤어크리에이티브
모발관리학
퍼머넨트웨이브 및 헤어컬러링
한방미용학
소독 전염병학
고등학교 헤어미용 등

Hair Creative
Illustration & Sculpture

헤 어 크 리 에 이 티 브

2015년 8월 20일 초판인쇄
2015년 8월 30일 초판발행

지은이 : 조성태
펴낸이 : 이상태
펴낸곳 : 청구문화사
주 소 : (03706) 서울특별시 서대문구 성산로11길 15
전 화 : 02-332-0541(代) FAX : 02-337-9577
등 록 : 1990년 11월 2일 제9-247호

가격 30,000원

ISBN 978-89-5616-671-1 93590